U0612567

我国农村人居环境监测体系研究

WOGUO NONGCUN RENJU HUANJING
JIANCE TIXI YANJIU

王 强 刘 芳 谭 璐 武文豪 申 锋 主编

中国农业出版社
北 京

编　委　会

主　编　王　强　刘　芳　谭　璐

武文豪　申　锋

编　委　（按姓氏笔画排序）

丁大伟　王广帅　卞靖豪

师荣光　张克强　杨　帅

沈仕洲　高文萱　蔡彦明

前言

FOREWORD

　　改善农村人居环境，是以习近平同志为核心的党中央从战略和全局高度作出的重大决策部署，是实施乡村振兴战略的重点任务。"十三五"以来，中共中央办公厅、国务院办公厅连续颁布《农村人居环境整治三年行动方案》和《农村人居环境整治提升五年行动方案（2021—2025年）》，农村人居环境整治受到前所未有的重视。截至2022年底，我国农村人居环境整治取得显著成效，农村卫生厕所普及率超过73%，农村生活垃圾收运处置体系覆盖90%以上行政村，农村生活污水治理率超过31%，村容村貌得到有效改善和提升。然而，当前我国农村人居环境仍存在污染底数不清、风险不明等问题，对于农村人居环境整治成效、长期影响、演变过程、环境效益等缺少直接的、一手的数据；另外，当前农村人居环境监测局限于单次性的调研形式，缺乏长期性、系统性、科学性的监测，严重制约了乡村振兴战略与和美乡村建设的步伐与进程。因此，开展农村人居环境长期因子监测具有重要的现实意义，具体说，需要围绕农村人居环境系统长期科学目标和国家重大需求，通过研究典型区域农村人居环境质量结构与功能的长期演变规律，探索农村人居环境发展关键过程及其对环境变化的响应与适应机制，揭示农村厕所粪污、生活污水和生活垃圾资源化利用潜力及其环境效应。建立农村人居环境科学监测点是认识农村人居环境系统长期变化的重要手段，规范化的监测方法是开展长期定位监测研究的关键，而统一的监测体系和技术方法是定位监测网络化的根本保证。因此，构建更为系统、统一、先进的监测指标体系和规范，获取长期连续、高质量、可比较的监测数据，借以支撑联网监测和研究工作，可以有效发挥其长期服务国家重大战略需求和学科发展的重要作用。

本书以农村人居环境系统长期科学目标以及国家重大需求为导向，遵从系统性、科学性、前瞻性、先进性和可操作性的原则，在参考国内外农村人居环境监测技术规范的基础上，系统凝练了农村人居环境背景信息、水体环境、土壤环境、大气环境等生态要素指标的关系，形成了服务农村人居环境系统长期科学目标的监测指标体系，以揭示农村人居环境系统结构、过程和功能的长期演变规律；同时，根据国家当前的重大需求，设定了农村废弃物资源化、环境效应等专项监测任务，基于农村人居环境系统长期科学目标的监测指标，系统梳理并补充完善了与各专项监测任务相对应的监测要素指标，形成了专项监测指标体系，以便更好地服务于农村人居环境整治提升与和美乡村建设等国家重大战略需求。

由于时间仓促，加之水平所限，书中疏漏之处在所难免，敬请读者批评指正，不胜感激。

编　者

2024 年 8 月

目 录

CONTENTS

第 1 章　农村人居环境监测的内涵与意义

1.1　基本概念

1995 年，"人居环境"被首次提出。吴良镛先生将人居环境定义为"人类聚居生活的地方，人类利用自然改造自然的主要场所，是人类在大自然中赖以生存的基础"[1]。而农村人居环境是人居环境在农村区域的延伸，是指以农村居民生活居住区为核心，辐射周边居民生态、生产和生活等相互影响空间要素的总体[2,3]。因此，农村人居环境监测是指以农村人居环境组成要素为对象，开展的农村生态、生产和生活环境的监测。

1.2　主要特征

农村人居环境以农村居民活动为内核，以农村生产、生态和生活环境为外延，开展农村人居环境监测，探究在农村居民活动的驱动下农村人居环境在时间和空间上的演变特征和规律。因此，农村人居环境监测的主要特征体现在以下四个方面。

1.2.1 监测的综合性

由于农村人居环境涉及农村"三生"环境及其水体、土壤、空气、生物、废弃物等多元要素对象，以及农村人居环境监测涉及的物理、化学、生物等多元化指标体系。此外，在对监测数据处理和综合分析时，涉及农村的自然、地理和社会等诸多方面。因此，农村人居环境监测具有显著的综合性。

1.2.2 监测的时空分布性

当污染物和污染因素进入农村人居环境中，污染物会随着水和空气的流动而被稀释和扩散。不同污染物的稳定性和扩散速度与污染物的理化性质有关。此外，污染物的排放量和污染因素的强度也随着时间变化而变化，因此，农村人居环境监测具有明显的时空分布性，监测数据和结果可揭示污染物和污染因素在农村人居环境中的时空演变特征和规律，为农村人居环境保护和治理提供数据支撑。

1.2.3 监测的长期连续性

农村人居环境监测的连续性是为了确保准确评估和预测农村人居环境演变更替的关键。由于环境污染具有时空的多变性，只有通过长期性和持续性的监测，才能从监测大数据中揭示其演变特征和规律并预测其发展趋势。这种连续性确保了监测数据的完整性和准确性，提高了监测的可靠性。总而言之，长期连续性的监测为政府决策提供了客观、准确的信息，以应对农村人居环境的变化。

1.2.4　监测的预警性

由于农村人居环境监测涉及污染物赋存、迁移转化规律、毒性效应、风险评价等污染物全生命周期诸多方面，为准确评估农村人居环境污染物环境健康风险提供了全链条数据支撑，充分发挥农村人居环境监测的风险预警功能，为农村人居环境整治提升和改善提供决策支撑和保障。

1.3　主要内容

广义上的农村人居环境监测内容包括农村人居环境质量、农村厕所革命、生活污水治理、生活垃圾治理、村容村貌整治提升以及建设和管护机制、村庄规划建设等诸多方面。农村人居环境质量、农村厕所革命、生活污水治理、生活垃圾治理等四个方面的监测属于硬性指标监测，监测数据来源于实际样品采集和检测，数据真实可靠。

其中，农村人居环境质量包括农村水体、土壤和空气质量，可直接反映农村人居环境发生发展本底和特征规律；农村厕所革命、生活污水和生活垃圾治理，可直接反映农村人居环境内源性污染特征。因此，本书围绕乡村振兴战略以及和美乡村建设等国家重大战略需求，重点介绍农村人居环境质量和农村人居环境污染监测。

1.4　重要意义

改善农村人居环境，建设美丽宜居乡村，是实施乡村振兴战略的一项重要任务。农村人居环境监测是准确评估农村人居环境质量提升、污染治理、整治成效的重要依据，为农村人居环境管理和科学决策提供重要的基础支撑。随着我国乡村振兴战略、乡村建设行动以及和美乡村创建的不断推进，各种问题也不断涌现，挖掘问题的深层次原因以及影响因子，亟须开展科学有效的农村人居环境监测。

因此，为了顺应时代发展，加快构建与新时期乡村振兴及和美乡村建设相适应的农村人居环境监测体系，既是支撑农村人居环境整治提升攻坚战的关键举措，也是服务新时代和美乡村建设的重要抓手，更是践行乡村全面振兴重大国家战略和历史使命的实际行动，具有重要的现实意义。

第2章 我国农村人居环境监测发展

我国农村人居环境监测工作起步于20世纪80年代，经过40多年的发展，监测水平与能力显著提升，监测范围也逐步扩展，并建立起了较为完善的监测标准体系和管理体系。截至目前，现行的监测标准已有1000余项，涵盖了包括水体、土壤、大气、生物、固体废物、噪声以及核辐射等环境要素[4]，为环境保护和污染防治工作不断提供科学依据和技术支持。

然而，目前我国农村人居环境监测工作仍面临困难与挑战，如监测设备落后、不同地区监测标准难以统一、监测工作管理机制不成熟等问题。此外，随着环境污染形势的变化和新污染物的出现，我国对农村人居环境监测工作提出了更高的要求。

2.1 发展历程

2.1.1 起步阶段

我国环境监测起步于20世纪50—70年代，主要监测对象是城市和工业区的大气污染、地表水质量和污染物排放等。农村环境污染问题尚未显现。1980年，国务院环境保护领导小组办公室组织编写并发布了《环境监测标准分析方法（试行)》,以及后续出台的《水和废水监测分析方法》《空气和废气监测分析方法》《环境放射性监测方法》等法案,开启了我国环境监测方法体系的构建道路[4,5]。此阶段,农村环境问题从一元的农业环境问题过渡为农业与乡镇企业并存的二元环境问题,逐渐受到重视,农村环境监测开始缓慢起步,主要针对城市工业污染对农村环境的影响开展监测工作。

2.1.2 发展阶段

进入 20 世纪 90 年代,随着我国工业化进程加快,各种各样的环境问题开始出现,农村环境形势日渐严峻。农业生产方式粗放,环境保护工作力度十分薄弱,环境监管能力严重不足。因此,这一时期农村人居环境监测的工作着重于相关法律及各项监测标准的完善,空气、地表水、固定污染源、噪声、生态、固体废物、生物、土壤、电磁辐射等环境要素的监测与分析方法逐步规范,农村人居环境法律体系逐步健全。但长期以来,我国开展的环境监测与评价工作大都集中在城市,对农村环境监测的研究与实践较少[6]。另外,我国国土幅员辽阔,不同地区环境状况差异显著,且农村的生态环境资源有"公共属性",土地等农用资源有产权关系不清等问题,造成农村人居环境监测与整治工作实施起来比较困难[7],并且各个地区的监测技术手段缺乏针对性,导致农村地区的监测工作相对薄弱[8]。此外,农药、化肥的过量使用,生活垃圾、生活污水的不当排放,以及城市污染、工业污染不断向农村地区转移,都阻碍了农村人居环境的改善与整治[9]。

2.1.3　转型阶段

自"十五"时期开始，农村环境污染问题逐渐得到党中央、国务院的重视。农村人居环境建设工作进入转型调整阶段。2007 年，《国务院办公厅转发环保总局等部门关于加强农村环境保护工作意见的通知》（国办发〔2007〕63 号）明确提出，"加强农村环境监测和监管。建立和完善农村环境监测体系，定期公布全国和区域农村环境状况。加强农村饮用水水源地、自然保护区和基本农田等重点区域的环境监测"。2008 年，国务院首次召开农村环境保护工作会议，重点强调要统筹考虑城乡环境保护工作，加大资金投入，建立健全农村环保的政策体系和长效机制，并设置了农村环境保护专项资金。中国环境监测总站组织全国各省级环境监测站开展农村人居环境质量监测工作，包含空气、地表水、饮用水源地、土壤等环境要素，并编制农村环境质量报告[10]。这一阶段，政府对农村人居环境监测工作从城乡协调发展的角度对农村生态文明建设进行整体布局和深度调整，对监测技术做了标准性的规范，并基本建立了农村人居环境监测分析方法标准体系。

2.1.4　提升阶段

2012 年，党的十八大将"生态文明建设"融入"五位一体"总体布局，我国有关农村生态文明建设的大量相关政策与法律陆续颁布，同时也推动了我国农村人居环境监测事业的发展。自 2014 年起，政府和相关专家根据我国农村人居环境保护需求以及不同地区农村具体情况，研究制定了农村环境质量监测工作方案和技术方法，确定了以县域为基本单元，开展县域和村庄两个层面的人居环境监测与评价的技术体系。各种先进技术与设备陆续引入农村人居环境监测领域中来，并逐步建立了农村环境监测网络，各项监测指标和方法标准体系以及管理制度也日趋完善。这一时期，农村人居环境监测主要从乡村振兴的角度对农村环境进行总体部署，目的在于建设美丽乡村（图1）。

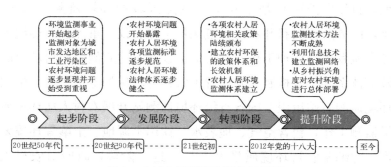

图1　农村人居环境监测发展历程

2.2　发展现状

2.2.1　监测技术

2.2.1.1　传统监测技术

传统监测技术通常需要工作人员亲身前往目标点进行采样，再将待测样品送往实验室进行仪器分析。传统监测技术有操作简单、成本低的优势，是使用最广泛的一种监测手段。具体来说，就是将待测样品送入实验室进行仪器分析处理，通过物理或化学方法分析样品中所含有的污染物质。这种技术分析方法主要包括光谱分析法、色谱分析法、电化学分析法、放射分析法和流动注射分析法等，不同的待测样品按照其特性分别采取不同的检测方法。当前传统监测技术的分析方法成熟，结果稳定可靠。

但随着我国农村环境问题的日益恶化，传统监测方法表现出了一定的局限性。如其对工作人员的专业知识有着较高的要求、部分地形恶劣或极端环境的情况下难以顺利开展监测工作等，并且由于需要送至专业实验室，导致监测周期长，无法得到实时监测数据[11-13]。

2.2.1.2　信息技术

随着科学技术的不断发展，物联网和 3S 技术等先进信息技术手段正逐步被引入并应用于农村人居环境监测领域[14]，通过部署传感器网络和遥感设备，实现对农村环境监测对象的远程、实时、连续监控和管理，并且获取更为广泛和细致的环境监测数据。同时，这些监测数据通过计算机整合和深入分析，为农村环境质量评价、污染源追踪、生态保护规划等提供科学依据，推动了农村环境治理的精准化和智能化发展[15]。

3S 技术是遥感技术（RS）、地理信息系统（GIS）、全球定位系统（GPS）三种技术的统称。在农村人居环境监测领域中综合应用 3S 技术，可以更加系统、准确、全面地获取监测地区或更大尺度区域的环境信息。1979 年，我国首次将遥感技术应用在土壤环境监测的工作中[16]，因其具有获取信息量大、范围广、周期短、受限条件少等优点，在土壤监测工作中发挥了巨大的作用[17]。此外，借助该技术可以实时获取各监测地的环境信息并加以处理，以便对环境状况变化或造成污染进行提前预警。当前，我国已研发出适用于农村农田的无线传感器网络节点，该节点具有极高的稳定性和抗干扰性，可以进行长期的、大范围的农村人居环境监测工作[18-20]。

2.2.1.3　生物监测技术

生物监测是指通过对生物组分（如生物细胞、器官、生物个体以及生物群落等）在环境变化时产生的反应进行监测，判断环境的变化情况和污染程度，间接达到环境监测的目的，其本质是利用生物对于环境污染或环境变化的敏感性，以及物质与能量之间的转换[21]。生物环境监测通常使用的方法有生态学法和毒理学法[22]。通过对生物环境的监测可以清晰地反映出污染物对于生物的影响并且预测其对人体健康的潜在风险，是对污染物物理、化学监测指标的补充[23,24]。

根据不同生物所生存的介质环境不同，生物监测可分别在水质监测、土壤监测、大气监测中发挥作用。水质监测中，通常用于监测的生物有微生物、鱼类和浮游生物。监测此类生物在目标水样中的数量、缺失或存在情况可以基本判断出水质的污染状况。此外，检测这些生物体内污染物的种类和含量也可以明确水质的污染指数[25]。在我国的生物检测中，斑马鱼和发光菌是常用的水质监测生物。发光菌（费氏弧菌）对水体中的有毒物质有极高的敏感性，对于水体导电率、重金属浓度等水质参数的变化也能产生较大反应[23]。而鱼类位于水环境中食物链的顶端，很多水体污染物最终都会富集到鱼的体内。斑马鱼对水质急性、慢性毒性变化有较高敏感性[26]。土壤监测通常采用对蚯蚓的行为以及土壤中有害微生物的种类和数量的监测来分析土壤环境的污染状况。通过对生物环境的监测，可以持续、全面地获取环境污染的综合情况，并且可以预测当前的环境污染已经或未来对人体造成怎样的影响[27]（图2）。

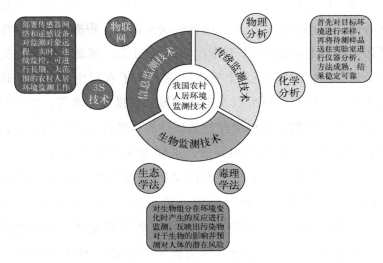

图2　农村人居环境监测技术分类与特点

2.2.2　监测标准规范

　　环境监测标准具有规范性、强制性以及严格的制定程序和显著的时代特征，其为制定科学的环境保护政策和针对性的环境整治方案提供重要依据[5]。

我国农村人居环境监测方法标准体系框架初步建立于 20
世纪 80 年代初,环境部门为统一国家环境监测标准,开展了
监测标准的制定工作。起步阶段的标准大都集中在水环境、大
气环境、汽车尾气等。1990 年后,人居环境监测标准逐步发
展完善,监测工作的开展以及环境数据的分析管理也日趋科学
规范。2008 年农村人居环境监测进入快速发展阶段,标准体
系也基本健全,已涵盖包括水、大气、土壤、生物、固体废弃
物、噪声以及核污染等多项环境要素。自 2008 年开始,各地
区各部门贯彻落实党中央、国务院决策部署,积极推进农村生
活污水排放标准制修订工作,如包括河北、湖北、湖南、安
徽、吉林、广东等 20 多个省份陆续颁布了农村生活污水处理
设施水污染物排放标准以及生活垃圾分类排放标准等,对农村
生活污水、垃圾、固体废弃物处理排放标准控制指标确定、污
染物排放限值、尾水利用要求、采样监测要求等作了进一步
细化。近 10 年来国家相关部门又针对突发环境污染事故监
测以及人居环境污染预警领域开展重点工作。经过 40 余年
发展,我国农村人居环境监测标准体系逐渐成熟,现行的监
测方法标准有 1 000 余项,分为国家级标准、地方级标准与
行业标准,在标准种类上分为环境质量标准、污染物排放标
准、环境监测规范、环境基础类标准以及管理规范类标准[28]
(表 1)。

2.2.3　监测相关法规政策

我国农村人居环境监测相关法律法规的发展呈现出不断完

表 1　我国历年发布环境监测标准体系

标准代号	标准名称	颁布单位
GB/T 43829—2024	农村粪污集中处理设施建设与管理规范	农业农村部
GB/T 5750.1～5750.13—2023	生活饮用水标准检验方法	国家卫生健康委员会
GB/T 40201—2021	农村生活污水处理设施运行效果评价技术要求	全国环保产业标准化技术委员会
NY/T 3125—2017	农村环境保护工	农业农村部
NY/T 2093—2011	农村环保工	农业农村部
NY/T 397—2000	农区环境空气质量监测技术规范	农业农村部
HJ 168—2020	环境监测分析方法标准制订技术导则	生态环境部
DB1331/T 051—2023	农村人居环境整治效果评价指标体系	雄安新区农业农村标准化技术委员会
DB61/T 1668—2023	农村人居环境 村庄清洁要求	陕西省农业农村厅
DB3212/T 2028—2021	农村人居环境建设规范	泰州市市场监督管理局
DB50/848—2021	农村生活污水集中处理设施水污染物排放标准	重庆市生态环境局
DB5301/T 51—2021	农村生活污水处理设施水污染物排放限值	昆明市生态环境局
DB13/2171—2020	农村生活污水排放标准	河北省生态环境部
DB22/3094—2020	农村生活污水处理设施水污染物排放标准	吉林省市场监督管理厅
DB44/2208—2019	农村生活污水处理排放标准	广东省生态环境厅
DB61/T 1272—2019	农村人居环境 厕所要求标准	陕西省市场监督管理局
DB61/T 1270—2019	农村人居环境 村容村貌治理要求	陕西省市场监督管理局
DB11/T 1852—2021	农村地区生活污水处理设施水量水质实时监控技术导则	北京市市场监督管理局

善的趋势，现基本建立起以《中华人民共和国环境保护法》为主体的环境监测与整治体系。该法律于 1989 年由第七届全国人民代表大会常务委员会通过，截至 2014 年进行了 8 次修订[29]，为我国环境监测提供了总的法律框架。但是，经历 30 多年的发展，该法目前仍是以环境污染防治为核心的传统环境法律体系，关注重点以工业污染和城市环境治理为主[30,31]，针对农村人居环境监测内容较少且管理混乱。而农村环境的监测与整治管理分散在多个部门发布的十几部法规政策中，如国务院办公厅印发的《关于改善农村人居环境的指导意见》，生态环境部颁发的《全国农村环境监测工作指导意见》，疾病预防控制局办公厅发布的《全国农村环境卫生监测工作方案（2018 年版）》等，没有形成统一的监管体系。另外，各省市根据当地实际情况，出台了一系列地方性法规和政策文件，细化并加强了农业环境及农村人居环境监测的法律责任和监管措施，但其监管重点也大都放在农业环境污染或农业污染事故处置，没有将农业、农村、农民三者综合考虑，对农村人居环境没有明确界定[32]。

2021 年第十三届全国人民代表大会常务委员会通过了乡村振兴促进法，这是中国首部以乡村振兴命名的基础性、综合性法律，旨在全面实施乡村振兴战略，促进农业全面升级、农村全面进步、农民全面发展，加快农业农村现代化，并对农村生态保护基本问题进行了原则性、纲领性规定[33]，在一定程度上实施推动了农村环境质量监测工作的规范化和系统化，确保了监测数据的准确性和可靠性，为乡村振兴提供了科学依据。

此外，我国出台并持续施行的大气污染防治法、水污染防治法、固体废物污染环境防治法、土地管理法等多项法律均涉及有关农村人居环境监测内容，共同保障环境监测工作的开展与管理[34,35]（表 2）。

表 2　我国历年出台的法规、政策及管理办法名称

法律法规、政策及管理办法等名称	颁布年份
《中华人民共和国环境保护法》	1989
《中华人民共和国水污染防治法》	1996
《全国农村环境监测工作指导意见》	2009
《中华人民共和国水法》	2002
《中华人民共和国城乡规划法》	2007
《农产品质量安全监测管理办法》	2012
《国务院办公厅关于改善农村人居环境的指导意见》	2014
《耕地质量调查监测与评价办法》	2016
《中华人民共和国水污染防治法》	2018
《中华人民共和国土壤污染防治法》	2018
《中华人民共和国大气污染防治法》	2018
《全国农村环境卫生监测工作方案（2018 年版）》	2018
《关于推进农村黑臭水体治理工作的指导意见》	2019
《中华人民共和国固体废物污染环境防治法》	2020
《农业面源污染治理与监督指导实施方案（试行）》	2021
《中华人民共和国乡村振兴促进法》	2021
《农作物病虫害监测与预报管理办法》	2021
《全国农业面源污染监测评估实施方案（2022—2025 年)》	2022
《农业绿色发展水平监测评价办法（试行）》	2023
《国家生态环境监测标准预研究工作细则（试行）》	2023
《农村黑臭水体治理工作指南》	2024
《关于进一步推进农村生活污水治理的指导意见》	2024

2.2.4　监测质量控制体系

为确保在农村环境质量监测中获得准确、可靠、科学的监测数据，在监测前期就必须制定切实可行的质量保证与质量控制措施，进行全程序的质量控制。相关政府部门针对农村人居环境污染排放主体分散、随机、难以监测等特点，构建了监测工作开展过程中的质量保证与质量控制体系，要求从监测对象、布点和采样、监测方法和技术、数据分析和处理以及生产监测报告的全过程进行质量控制[36]。

在环境监测的过程中要对参与监测工作的人员、仪器设备、试剂材料以及采用的监测分析方法进行严格的质量把控，以保证监测数据结果符合相关技术标准或规范的要求，保证农村环境监测工作的顺利开展并提交科学准确的技术报告。

2.3　存在问题

随着我国农村地区经济快速发展，环境问题日益凸显，严重影响农村居民生活质量。因此，要加强农村人居环境监测，更全面、更具体、更详细地对农村人居环境进行综合分析，以创造更美好、更健康的农村生活环境。近年来，随着我国乡村振兴战略的逐步推进，农村人居环境监测也受到了党中央、国务院的高度重视，各项监测和整治工作也陆续推进且已初见成效，各项监测标准和管理体系已形成框架网络。但是，我国农村人居环境监测起步较晚、发展时间不长，在实际开展工作的过程中仍遇到很多问题[37]，本书将从以下几点分别展开论述。

2.3.1　监测范围不全面

长期以来，我国开展的环境监测工作大都集中在城市地区或工业经济发达的城镇地区，主要由各省级和地市级环境监测站承担[10]，而较为偏远或经济较为落后的农村监测工作较为薄弱，由于这些村庄往往面临资金投入不足以及居民环保意识淡薄等问题，监测工作难以开展运行[38]。我国环境监测总站数据显示，在重点流域主要断面已经建设了100个水质自动监测站，这些监测站分布在25个省（自治区、直辖市）中，并配套有约85个托管站对地表水水质监测站点进行日常维护[39]，大都是对城市环境进行监测，几乎没有完全针对农村地区的监测站；空气质量监测方面，截至2017年，共计在全国338个地级以上城市（含地、州、盟所在城市）设置监测点位1 436个，农村区域大气监测站仅有96个。对于一些处于偏远地区、环境复杂的村落，监测到的环境数据更为稀少，因此，我国目前得到的农村环境监测数据不足以涵盖全部的农村情况。另外，大部分在农村开展的环境监测工作也都仅针对农业环境、农业污染等开展，对于生活垃圾、生活污水等人居环境污染监测没有形成完善的监管体系。

2.3.2　监测技术不规范

环境监测工作的高效开展离不开技术与设备的支持，只有依托于科学的技术和精密的设备才能得到可靠的监测结果[40]。

我国在农村人居环境领域的监测技术尚未成熟，仪器设备较发达国家也相对落后，部分地区的监测站监测设备使用年限较久，没有按时维护或更新，导致设备的监测精度下降，这些因素直接限制了我国的监测水平[41]。另外，我国大部分农村地区在环境监测上投入资金不足，导致在监测技术方面也处于落后地位。如遥感卫星监测技术，物联网监测网络等虽已在部分地区开展使用，但大都是集中在经济发达的地区和城市中，没有在全国范围内推广，尤其在农村地区普遍使用的还是一些传统落后的监测方法[42]，监测精度和监测范围都难以满足当前农村环境监测需求。

因此，我国农村环境监测技术设备的升级和创新尤为紧迫，需要通过加大技术研发投入、增强公众环保意识、优化资源配置等多方面努力，推动我国农村环境监测工作的整体提升，以适应环境保护工作的快速发展。

2.3.3 监测标准体系不完善

从 20 世纪 80 年代发展至今，我国农村环境监测标准体系得到了长足的进步，已经基本形成了全面、科学的人居环境监测标准体系框架[43]。但面对复杂多变的环境形势和农村环境多样性，建立一个全国统一的监测标准困难重重。各个地区标准存在差异，缺少监测数据的可比性，不同监测标准之间缺乏系统性和关联性，导致同一监测项目在不同标准之间出现交叉、重合甚至冲突的情况。农村人居环境监测工作涉及多个部门，各个部门采用不同的评价标准，缺乏统一领导，因此在开展监测活动时难免产生矛盾或工作出现问题时各个部门出现相互推卸责任的情况[44,45]。此外，针对不同环境要素设立的监测方法标准不均衡，当前我国农村环境污染物监测标准大都集中在水体、土壤、大气环境中，对不同的污染物类别设立了针对性的检测方法，而对于生活污水、生活垃圾以及厕所粪污等人居环境方面污染物的监测标准存在缺口甚至空白[46]。

2.3.4　监测相关法规政策不健全

当前我国农村人居环境监测缺少具有指导性的法规制度，缺少统一性的监测方案，工作的开展主要靠行政手段推动[47]。现行的各类法律法规分别由不同的部门发布和管理，其缺乏关联性和兼容性，几部法律之间没有明确的主次关系[48]。加之部分地方政府的资源不足、监管部门的不作为或行政部门之间的协调问题，农村地区大都没有设立专门的环境机构，缺乏环境监测与保护的执法力量，导致监测工作在实际开展时可能存在困难[14]。以农村水环境监测为例，一些工作人员在进行水质监测时没有明确的参考标准，甚至完全凭个人意愿与经验开展工作，自然会影响监测数据的准确性[49]。此外，农村环境监测信息的公开度有待提高。相关部门没有对监测数据及时公布，也没有对监测结果的解释说明，导致部分环境问题得不到及时解决，且公众对环境监测的参与度不高[50]。

2.3.5　缺乏对农村人居环境的综合评价

我国学者在开展农村人居环境监测与评价时主要集中于单

一要素的环境问题，如具体的污染物指标或小尺度的环境质量评价，而很少对农村人居环境整体质量作出综合评价，缺少对生态环境问题的综合研究[51]，对生活垃圾、村容村貌等关系到农村居民生活状况的监测指标评价体系几乎空白。而且，每年监测工作存在内容结构差异较大、关键统计指标不连续等问题，难以进行纵向、横向对比分析[52]。当前我国农村环境监测仍保留对环境污染的监测，大多是出现污染后进行调查，着重解决问题，而缺少对环境问题的预警和防治[37]。

第3章 农村人居环境监测技术体系研究

3.1 总则

3.1.1 基本要求

3.1.1.1 坚持目标导向原则

围绕农村人居环境长期科学目标和国家重大需求，确定监测内容，以监测内容确定监测要素和具体指标，构建目标导向的监测指标体系。

3.1.1.2 坚持长期监测和专项监测相结合原则

坚持既要满足长期学科发展需求，又可解决国家重大战略需求的原则，构建长期监测和专项监测指标体系。

3.1.2 监测任务

农村人居环境监测包括长期监测和专项监测两项任务。

长期监测任务是研究典型区域农村人居环境质量结构与功能的长期演变规律，探索农村人居环境发展关键过程及其对环境变化的响应与适应机制，为农村人居环境整治与提升以及乡村振兴战略实施提供科学依据。

专项监测任务是面向国家不同发展阶段的重大科技需求，围绕农村人居环境整治的重点任务，开展区域尺度的农村厕所粪污、生活污水和生活垃圾资源化利用技术模式及其环境效应的专项监测，为我国人居环境可持续发展与和美乡村建设提供有力支撑。

3.1.3 监测内容

基于长期监测和专项监测两大任务，形成长期监测和专项监测两个指标内容（图 3）。

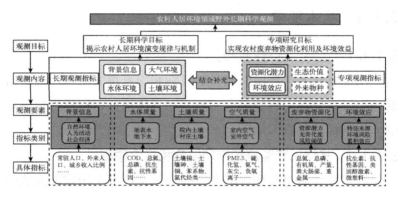

图 3　农村人居环境监测指标体系框架

长期监测和专项监测以农村居民生活居住区为核心，包括周边生活、生产和生态环境互作要素。长期监测和专项监测场地布局见图 4。

3.1.3.1 长期监测内容

一般而言，农村人居环境包含人居硬环境和人居软环境两方面内容。硬环境是服务于农村居民并被其所利用的环境本底，包括农村人居空间的水体、土壤、大气、生物等各个要素；软环境是农村居民在利用和发挥硬环境系统功能中形成的

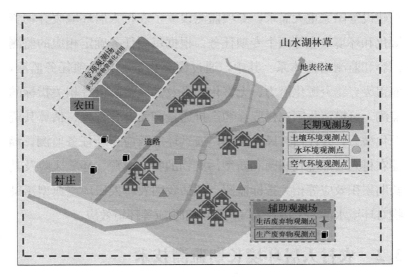

图 4　农村人居环境长期和专项监测场地布局

一切非物质形态事物的总和，如生活习惯、公共服务、历史文化和乡村景观等。农村人居环境长期监测内容以硬环境为主，兼顾一些易于长期监测并具有代表性的软环境，具体监测内容包括背景信息、大气环境、水环境和土壤环境四个方面，重点关注农村人居生态环境质量本底与承载力。

　　在积累一定的经验和数据后，基于长期监测的工作基础，尝试通过试点进一步开展农村人居环境生态价值探索，在试点观察点位新增生态价值、外来物种和社会经济环境等专项监测内容，拓展和深化已有监测内容，服务于中长期的整治成效、环境效益以及政策效果的评估与决策。

3.1.3.2　专项监测内容

　　根据当前我国农村人居环境整治提升、乡村振兴以及和美乡村建设等国家重大需求，专项监测设立了农村人居环境废弃物资源化和环境效应等两个专项任务。根据每项任务确定相应的监测内容和监测指标体系。其中，通过废弃物资源化专项任务监测，涵盖废弃物资源化潜力、无害化水平及其风险阈值等相关指标的监测，可摸清我国农村废弃物产排通量和无害化程度、估算其资源化潜力，并评估其风险水平；通过环境效应专项任务监测，涵盖农村人居环境致病菌和新型污染物的特征来源、环境风险及其长期累积效应等相关指标监测，评估我国农村人居环境典型污染物对环境水体、土壤及大气的影响和响应等环境效应。

3.2 农村人居环境长期监测技术

3.2.1 监测指标体系

为便于野外站长期监测的实施，长期监测指标体系按照背景信息、水体环境、土壤环境和大气环境四大要素进行汇总整理，包括指标类别、监测指标、监测频率、监测位置、监测时间、单位等信息。各野外站可参照长期监测场地系统相应的监测场进行野外监测。关于监测频率，对于 1 年 1 次的监测指标，一般选择在最后一季度集中采样，对于气候寒冷、水土冻结较早的野外站采样计划可根据实际情况适当调整；对于 1 年 2 次的监测指标，一般选择在 4 月和 10 月采样监测，如遇特殊情况采样计划可根据实际情况适当浮动 1 个月采集；对于实时监测指标，通常设定为每小时获取一次实时数据，监测人员需至少每 3 个月汇总一次监测数据，并检查维护监测设备。

3.2.1.1　背景信息

鉴于农村人居环境受社会经济环境、资源禀赋、地理环境和人为活动等影响，背景信息能够反映农村的本底条件和人类社会经济活动情况，主要包括农村的土地资源、人口流动、收入水平和产业结构等，为解析农村人居环境质量和功能长期演变规律和机制提供重要支撑，同时为联网研究提供必要参考信息。具体指标信息见表3。

表3　农村人居环境背景信息

指标类别		监测指标	监测频率	监测位置	监测时间	单位	数值类型	监测方式	监测方法
土地资源	土地资源	村庄闲置宅基地面积	1次/年	主要针对村干部问卷调查	12月	米³	数值	调研	问卷调查或访谈调查
		村庄人均宅基地面积	1次/年	主要针对村干部问卷调查	12月	米³	数值	调研	问卷调查或访谈调查
		村庄未利用土地面积	1次/年	主要针对村干部问卷调查	12月	米³	数值	调研	问卷调查或访谈调查
社会经济环境	人口	外来人口数量	1次/年	主要针对村干部问卷调查	12月	人	数值	调研	问卷调查或访谈调查
	收入	城乡收入比值	1次/年	主要针对村干部问卷调查	12月	%	数值	调研	问卷调查或访谈调查
	产业	村庄第一产业产值	1次/年	主要针对村干部问卷调查	12月	万元	数值	调研	问卷调查或访谈调查
		村庄第二产业产值	1次/年	主要针对村干部问卷调查	12月	万元	数值	调研	问卷调查或访谈调查
		村庄第三产业产值	1次/年	主要针对村干部问卷调查	12月	万元	数值	调研	问卷调查或访谈调查

3.2.1.2 水体环境

　　水体环境对于农村人居环境和农村居民生活有着重要的影响。水体环境的好坏直接关系到农村居民的生活质量和健康状况。一方面，水体环境的恶化会导致水污染，使得农村居民的饮用水和生活用水受到影响，甚至会引发水源性疾病。另一方面，水体环境的恶化还会影响农业生产，导致农作物减产，从而影响农村居民的经济收入。因此，为揭示农村水体环境的演变规律及其对农村人居环境的影响，监测对象分为农村地表水体环境和地下水体环境两类，具体包括溶解氧、化学需氧量（COD）、总氮、总磷、抗生素、抗性基因和水环境质量等指标。具体指标信息见表4。

表4　农村人居环境水体环境监测指标

指标类别	监测指标		监测频率	监测位置	监测时间	单位	数值类型	监测方式	监测方法
农村地表水水体质量	理化物质	溶解氧	2次/年	经村沟渠进村口、村内和出村口位置	6月、12月	毫克/升	数值	实验室测定	碘量法
		COD（毫克/升）	2次/年	经村沟渠进村口、村内和出村口位置	6月、12月	毫克/升	数值	实验室测定	重铬酸钾法
		总氮（毫克/升）	2次/年	经村沟渠进村口、村内和出村口位置	6月、12月	毫克/升	数值	实验室测定	碱性过硫酸钾消解紫外分光光度法
		总磷（毫克/升）	2次/年	经村沟渠进村口、村内和出村口位置	6月、12月	毫克/升	数值	实验室测定	连续流动-钼酸铵分光光度法
	抗生素	抗生素类（金霉素）	2次/年	经村沟渠进村口、村内和出村口位置	6月、12月	微克/升	数值	实验室测定	液相色谱质谱联用法
		抗生素类（土霉素）	2次/年	经村沟渠进村口、村内和出村口位置	6月、12月	微克/升	数值	实验室测定	液相色谱质谱联用法
		抗生素类（诺氟沙星）	2次/年	经村沟渠进村口、村内和出村口位置	6月、12月	微克/升	数值	实验室测定	液相色谱质谱联用法

（续）

指标类别	监测指标	监测频率	监测位置	监测时间	单位	数值类型	监测方式	监测方法
农村地表水水体质量	抗生素类（多西环素）	2次/年	经村沟渠进村口、村内和出村口位置	6月、12月	微克/升	数值	实验室测定	液相色谱质谱联用法
	抗生素类（磺胺甲嘧啶）	2次/年	经村沟渠进村口、村内和出村口位置	6月、12月	微克/升	数值	实验室测定	液相色谱质谱联用法
	抗生素类（磺胺嘧啶）	2次/年	经村沟渠进村口、村内和出村口位置	6月、12月	微克/升	数值	实验室测定	液相色谱质谱联用法
	抗生素类（磺胺甲噁唑）	2次/年	经村沟渠进村口、村内和出村口位置	6月、12月	微克/升	数值	实验室测定	液相色谱质谱联用法
	抗生素类（磺胺二甲嘧啶）	2次/年	经村沟渠进村口、村内和出村口位置	6月、12月	微克/升	数值	实验室测定	液相色谱质谱联用法
	抗生素类（磺胺间甲氧嘧啶）	2次/年	经村沟渠进村口、村内和出村口位置	6月、12月	微克/升	数值	实验室测定	液相色谱质谱联用法
	抗生素类（恩诺沙星）	2次/年	经村沟渠进村口、村内和出村口位置	6月、12月	微克/升	数值	实验室测定	液相色谱质谱联用法
	抗生素类（达氟沙星）	2次/年	经村沟渠进村口、村内和出村口位置	6月、12月	微克/升	数值	实验室测定	液相色谱质谱联用法
	抗生素类（沙拉沙星）	2次/年	经村沟渠进村口、村内和出村口位置	6月、12月	微克/升	数值	实验室测定	液相色谱质谱联用法
	抗生素类（泰乐菌素）	2次/年	经村沟渠进村口、村内和出村口位置	6月、12月	微克/升	数值	实验室测定	液相色谱质谱联用法
	抗性基因指标（*tetC*）	2次/年	经村沟渠进村口、村内和出村口位置	6月、12月	拷贝值/16S 拷贝值	数值	实验室测定	实时荧光定量 PCR 法
	抗性基因指标（*tetG*）	2次/年	经村沟渠进村口、村内和出村口位置	6月、12月	拷贝值/16S 拷贝值	数值	实验室测定	实时荧光定量 PCR 法

（续）

指标类别	监测指标	监测频率	监测位置	监测时间	单位	数值类型	监测方式	监测方法
农村地表水水体质量	抗性基因指标（tetL）	2次/年	经村沟渠进村口、村内和出村口位置	6月、12月	拷贝值/16S拷贝值	数值	实验室测定	实时荧光定量PCR法
	抗性基因指标（tetM）	2次/年	经村沟渠进村口、村内和出村口位置	6月、12月	拷贝值/16S拷贝值	数值	实验室测定	实时荧光定量PCR法
	抗性基因指标（qnrB）	2次/年	经村沟渠进村口、村内和出村口位置	6月、12月	拷贝值/16S拷贝值	数值	实验室测定	实时荧光定量PCR法
	抗性基因指标（qnrS）	2次/年	经村沟渠进村口、村内和出村口位置	6月、12月	拷贝值/16S拷贝值	数值	实验室测定	实时荧光定量PCR法
	抗性基因指标（sul1）	2次/年	经村沟渠进村口、村内和出村口位置	6月、12月	拷贝值/16S拷贝值	数值	实验室测定	实时荧光定量PCR法
	抗性基因指标（sul2）	2次/年	经村沟渠进村口、村内和出村口位置	6月、12月	拷贝值/16S拷贝值	数值	实验室测定	实时荧光定量PCR法
	抗性基因指标（intI1）	2次/年	经村沟渠进村口、村内和出村口位置	6月、12月	拷贝值/16S拷贝值	数值	实验室测定	实时荧光定量PCR法
农村地下水水体质量 理化物质	溶解氧	2次/年	村内水井或地下管道	6月、12月	毫克/升	数值	实验室测定	碘量法
	COD（毫克/升）	2次/年	村内水井或地下管道	6月、12月	毫克/升	数值	实验室测定	重铬酸钾法
	总氮（毫克/升）	2次/年	村内水井或地下管道	6月、12月	毫克/升	数值	实验室测定	碱性过硫酸钾消解紫外分光光度法
	总磷（毫克/升）	2次/年	村内水井或地下管道	6月、12月	毫克/升	数值	实验室测定	连续流动-钼酸铵分光光度法

（续）

指标类别	监测指标		监测频率	监测位置	监测时间	单位	数值类型	监测方式	监测方法
农村地下水水体质量	抗生素	抗生素类（金霉素）	2次/年	村内水井或地下管道	6月、12月	微克/升	数值	实验室测定	液相色谱质谱联用法
		抗生素类（土霉素）	2次/年	村内水井或地下管道	6月、12月	微克/升	数值	实验室测定	液相色谱质谱联用法
		抗生素类（诺氟沙星）	2次/年	村内水井或地下管道	6月、12月	微克/升	数值	实验室测定	液相色谱质谱联用法
		抗生素类（多西环素）	2次/年	村内水井或地下管道	6月、12月	微克/升	数值	实验室测定	液相色谱质谱联用法
		抗生素类（磺胺甲嘧啶）	2次/年	村内水井或地下管道	6月、12月	微克/升	数值	实验室测定	液相色谱质谱联用法
		抗生素类（磺胺嘧啶）	2次/年	村内水井或地下管道	6月、12月	微克/升	数值	实验室测定	液相色谱质谱联用法
		抗生素类（磺胺甲噁唑）	2次/年	村内水井或地下管道	6月、12月	微克/升	数值	实验室测定	液相色谱质谱联用法
		抗生素类（磺胺二甲嘧啶）	2次/年	村内水井或地下管道	6月、12月	微克/升	数值	实验室测定	液相色谱质谱联用法
		抗生素类（磺胺间甲氧嘧啶）	2次/年	村内水井或地下管道	6月、12月	微克/升	数值	实验室测定	液相色谱质谱联用法
		抗生素类（恩诺沙星）	2次/年	村内水井或地下管道	6月、12月	微克/升	数值	实验室测定	液相色谱质谱联用法
		抗生素类（达氟沙星）	2次/年	村内水井或地下管道	6月、12月	微克/升	数值	实验室测定	液相色谱质谱联用法
		抗生素类（沙拉沙星）	2次/年	村内水井或地下管道	6月、12月	微克/升	数值	实验室测定	液相色谱质谱联用法
		抗生素类（泰乐菌素）	2次/年	村内水井或地下管道	6月、12月	微克/升	数值	实验室测定	液相色谱质谱联用法

指标类别	监测指标	监测频率	监测位置	监测时间	单位	数值类型	监测方式	监测方法
农村地下水水体质量	抗性基因	抗性基因指标（tetC）	2次/年	村内水井或地下管道	6月、12月	拷贝值/16S拷贝值	数值	实验室测定	实时荧光定量PCR法
		抗性基因指标（tetG）	2次/年	村内水井或地下管道	6月、12月	拷贝值/16S拷贝值	数值	实验室测定	实时荧光定量PCR法
		抗性基因指标（tetL）	2次/年	村内水井或地下管道	6月、12月	拷贝值/16S拷贝值	数值	实验室测定	实时荧光定量PCR法
		抗性基因指标（tetM）	2次/年	村内水井或地下管道	6月、12月	拷贝值/16S拷贝值	数值	实验室测定	实时荧光定量PCR法
		抗性基因指标（qnrB）	2次/年	村内水井或地下管道	6月、12月	拷贝值/16S拷贝值	数值	实验室测定	实时荧光定量PCR法
		抗性基因指标（qnrS）	2次/年	村内水井或地下管道	6月、12月	拷贝值/16S拷贝值	数值	实验室测定	实时荧光定量PCR法
		抗性基因指标（sul1）	2次/年	村内水井或地下管道	6月、12月	拷贝值/16S拷贝值	数值	实验室测定	实时荧光定量PCR法
		抗性基因指标（sul2）	2次/年	村内水井或地下管道	6月、12月	拷贝值/16S拷贝值	数值	实验室测定	实时荧光定量PCR法
		抗性基因指标（intI1）	2次/年	村内水井或地下管道	6月、12月	拷贝值/16S拷贝值	数值	实验室测定	实时荧光定量PCR法
	水环境质量		2次/年	村内水井或地下管道	6月、12月	—	文本	实验室测定	—

3.2.1.3 土壤环境

土壤环境是农村人居环境的重要载体，农村土壤污染会破坏环境，对农村空间内生活居民的生命健康与生活质量都会产生影响。一方面，受到污染的土壤会将污染物释放到地下水中，土壤、地下水和食物链中的污染物会引发各种疾病，影响人居环境质量及农村居民健康。另一方面，农村人居环境不同于城市人居环境，其生产与生活空间存在交集，土壤污染也会严重影响农户开展庭院种植，从而对人居环境质量产生影响。对土壤环境的监测主要针对上述生活情景，分别对村庄土壤和院落土壤的有机质含量、土壤镉、土壤砷、土壤铜、土壤锌、土壤铅、土壤铬、苯系物、氯代烃类、多氯联苯等进行长期定位监测。具体监测指标信息见表5。

表5 农村人居环境土壤环境监测指标

指标类别	监测指标	监测频率	监测位置	监测时间	单位	数值类型	监测方式	监测方法
院落土壤环境质量	养分 有机质含量	1次/年	村内靠近村边界、主要交通道路旁和靠近村中心的院落内种植和裸露土壤	12月	%	数值	Lab	重铬酸钾氧化-外加热法
	重金属 土壤砷	1次/年	村内靠近村边界、主要交通道路旁和靠近村中心的院落内种植或裸露土壤	12月	砷(毫克/千克)	数值	Lab	分光光度法/电感耦合等离子体质谱法
	土壤汞	1次/年	村内靠近村边界、主要交通道路旁和靠近村中心的院落内种植或裸露土壤	12月	汞(毫克/千克)	数值	Lab	分光光度法/电感耦合等离子体质谱法
	土壤铅	1次/年	村内靠近村边界、主要交通道路旁和靠近村中心的院落内种植或裸露土壤	12月	铅(毫克/千克)	数值	Lab	分光光度法/电感耦合等离子体质谱法
	土壤镉	1次/年	村内靠近村边界、主要交通道路旁和靠近村中心的院落内种植或裸露土壤	12月	镉(毫克/千克)	数值	Lab	分光光度法/电感耦合等离子体质谱法

（续）

指标类别	监测指标		监测频率	监测位置	监测时间	单位	数值类型	监测方式	监测方法
院落土壤环境质量	重金属	土壤铬	1次/年	村内靠近村边界、主要交通道路旁和靠近村中心的院落内种植或裸露土壤	12月	铬(毫克/千克)	数值	Lab	分光光度法/电感耦合等离子体质谱法
		土壤铜	1次/年	村内靠近村边界、主要交通道路旁和靠近村中心的院落内种植或裸露土壤	12月	铜(毫克/千克)	数值	Lab	分光光度法/电感耦合等离子体质谱法
		土壤锌	1次/年	村内靠近村边界、主要交通道路旁和靠近村中心的院落内种植或裸露土壤	12月	锌(毫克/千克)	数值	Lab	分光光度法/电感耦合等离子体质谱法
	有机物	苯系物（总量）	1次/年	村内靠近村边界、主要交通道路旁和靠近村中心的院落内种植或裸露土壤	12月	微克/升	数值	Lab	色谱法
		氯代烃类	1次/年	村内靠近村边界、主要交通道路旁和靠近村中心的院落内种植或裸露土壤	12月	微克/升	数值	Lab	色谱法
		多氯联苯	1次/年	村内靠近村边界、主要交通道路旁和靠近村中心的院落内种植或裸露土壤	12月	微克/升	数值	Lab	色谱法
村庄土壤环境质量	养分	有机质含量	1次/年	村内靠近村边界、主要交通道路旁和靠近村中心的分散种植或裸露土壤	12月	%	数值	Lab	重铬酸钾氧化-外加热法
	重金属	土壤砷	2次/年	村内靠近村边界、主要交通道路旁和靠近村中心的分散种植或裸露土壤	12月	砷(毫克/千克)	数值	Lab	分光光度法/电感耦合等离子体质谱法
		土壤汞	2次/年	村内靠近村边界、主要交通道路旁和靠近村中心的分散种植或裸露土壤	12月	汞(毫克/千克)	数值	Lab	分光光度法/电感耦合等离子体质谱法
		土壤铅	2次/年	村内靠近村边界、主要交通道路旁和靠近村中心的分散种植或裸露土壤	12月	铅(毫克/千克)	数值	Lab	分光光度法/电感耦合等离子体质谱法

（续）

指标类别		监测指标	监测频率	监测位置	监测时间	单位	数值类型	监测方式	监测方法
村庄土壤环境质量	重金属	土壤镉	2次/年	村内靠近村边界、主要交通道路旁和靠近村中心的分散种植或裸露土壤	12月	镉(毫克/千克)	数值	Lab	分光光度法/电感耦合等离子体质谱法
		土壤铬	2次/年	村内靠近村边界、主要交通道路旁和靠近村中心的分散种植或裸露土壤	12月	铬(毫克/千克)	数值	Lab	分光光度法/电感耦合等离子体质谱法
		土壤铜	2次/年	村内靠近村边界、主要交通道路旁和靠近村中心的分散种植或裸露土壤	12月	铜(毫克/千克)	数值	Lab	分光光度法/电感耦合等离子体质谱法
		土壤锌	2次/年	村内靠近村边界、主要交通道路旁和靠近村中心的分散种植或裸露土壤	12月	锌(毫克/千克)	数值	Lab	分光光度法/电感耦合等离子体质谱法
	有机物	苯系物(总量)	2次/年	村内靠近村边界、主要交通道路旁和靠近村中心的分散种植或裸露土壤	12月	微克/升	数值	Lab	色谱法
		氯代烃类	2次/年	村内靠近村边界、主要交通道路旁和靠近村中心的分散种植或裸露土壤	12月	微克/升	数值	Lab	色谱法
		多氯联苯	2次/年	村内靠近村边界、主要交通道路旁和靠近村中心的分散种植或裸露土壤	12月	微克/升	数值	Lab	色谱法

3.2.1.4 大气环境

大气环境对于农村人居生活质量的影响是多方面的。一方面，大气环境的恶化会对人们的健康产生负面影响；另一方面，大气环境是农村地区的宝贵资源，体现了农村空气净化、休闲娱乐等功能与价值。因此，对大气环境的监测主要针对与人居生活息息相关的室外空气和室内空气，主要包括负氧离子、$PM_{2.5}$、硫化氢、氨气、单位面积灰尘沉降量和挥发性有机物含量等指标，重点关注农村人居大气环境的受污染状况和价值功能。具体指标信息见表 6。

表 6　农村人居环境大气环境监测指标

指标类别	监测指标	监测频率	监测位置	监测时间	单位	数值类型	监测频率	监测方式	监测方法
室外空气质量	室外空气	负氧离子	实时（建议不少于 2 次/天）	村内靠近村边界、主要交通道路旁和靠近村中心的无遮挡区域，离地高度约 1.8 米	实时	个/厘米³	数值	实时	IoT	电容式吸入法
		PM₂.₅	实时（建议不少于 2 次/天）	村内靠近村边界、主要交通道路旁和靠近村中心的无遮挡区域，离地高度约 1.9 米	实时	毫克/米³	数值	实时	IoT	β射线自动监测技术
		硫化氢	实时（建议不少于 2 次/天）	村内靠近村边界、主要交通道路旁和靠近村中心的无遮挡区域，离地高度约 1.10 米	实时	毫克/米³	数值	实时	IoT	电化学传感器法
		氨气	实时（建议不少于 2 次/天）	村内靠近村边界、主要交通道路旁和靠近村中心的无遮挡区域，离地高度约 1.11 米	实时	毫克/米³	数值	实时	IoT	电化学传感器法
室内空气质量	室内空气	室内单位面积灰尘收集量	3 次/年	常住农户家庭客厅，离地 1.5 米以上	实时	吨/千米²·月	数值	3 次/年	Field	重量法
		室内气体挥发性有机物含量（VOCs）	3 次/年	常住农户家庭客厅，离地 1.6 米以上	实时	毫克/米³ 或微克/米³	数值	3 次/年	Field	气相色谱法

3.2.2　监测场地设置

对农村人居环境系统而言，监测场地通常为一个或几个村域单元。为了保证监测数据的代表性，每个野外监测台站选择本区域内具有代表性的 2～3 个农村居民点开展长期监测（图 5）。

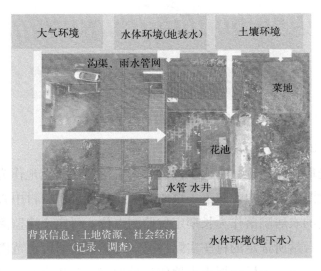

图 5　长期监测场地布设方案

3.2.2.1　水体环境监测场

选取流经村庄的沟渠或溪流作为水体环境监测场，其中，地表水体监测选择进村口、村中心和出村口作为长期定位监测点位，地下水体监测宜根据各个台站所选定的村庄实际情况，选择位置适宜、便于采样的地下水井等已有设施作为长期定位监测点位，采集地下水进行监测分析（图 6）。

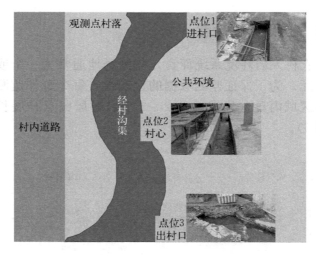

图 6　水体环境监测场布设方案

3.2.2.2　土壤环境监测场

选取村庄内部具有代表性的农居院落及裸露土地作为土壤环境监测场,其中,院落土壤监测选择靠近农田、村中心和靠近主路的农居院落作为长期定位监测点位,村庄土壤监测宜根据各个台站所选定的村庄实际情况,选择村庄居民点范围内位置适宜、便于采样的裸露土地作为长期定位监测点位,采集村庄土壤进行监测分析。按照《土壤环境监测技术规范》(HJ/T 166—2004)的相关规定进行土壤样品的采集,采集的土壤样品一般不少于 500 克。

3.2.2.3　大气环境监测场

在研究区选定的监测场地内,依据国家大气环境监测规范,设置监测场地与布设监测设备,开展常规气象要素和辐射要素的长期监测。通常选择靠近农田、村中心和靠近主路布设相关设

备。具体参考《空气负离子自动测量仪技术要求　电容式吸入法》
（QX/T 475—2019）、《环境空气中颗粒物（PM_{10} 和 $PM_{2.5}$）β 射线
法自动监测技术指南》（HJ 1100—2020）、《环境空气　氯气等
有毒有害气体的应急监测　电化学传感器法》（HJ 872—2017）、
《环境空气　降尘的测定　重量法》（HJ 1221—2021）。

3.2.3　监测技术方法

3.2.3.1　背景信息指标技术方法

（1）土地资源

采用问卷调查或访谈调查监测。调研对象主要针对村干
部，监测频率为 1 次/年，详细调研问卷参见附录 C。

（2）社会经济环境

采用问卷调查或访谈调查监测。调研对象主要针对村干
部，监测频率为 1 次/年，详细调研问卷参见附录 C。

3.2.3.2　土壤环境指标技术方法

（1）土壤有机质

土壤有机质的含量是用测定的有机碳结果乘以换算系数
（1.724）得到的。有机碳含量采用重铬酸钾氧化法测量，参见
《土壤　有机碳的测定　重铬酸钾氧化-分光光度法》（HJ
615—2011）和《陆地生态系统土壤监测指标与规范》。有机碳
含量也可采用元素分析仪测定。

（2）土壤重金属

① 土壤砷。

土壤中砷的含量采用电感耦合等离子体质谱法测量，土壤

和沉积物样品用盐酸/硝酸（王水）混合液经电热板或微波消解仪消解后，用电感耦合等离子体质谱仪进行检测。根据元素的质谱图或特征离子进行定性，内标法定量。参见《土壤和沉积物　12 种金属元素的测定　王水提取-电感耦合等离子体质谱法》（HJ 803—2016）和《土壤环境质量　农用地土壤污染风险管控标准（试行）》（GB 15618—2018）。土壤砷的含量也可采用分光光度法测定。

② 土壤汞。

土壤中汞的含量采用微波消解/原子荧光法测量，样品经微波消解后试液进入原子荧光光度计，在硼氢化钾溶液还原作用下，生成砷化氢、铋化氢、锑化氢和硒化氢气体，汞被还原成原子态。在氩氢火焰中形成基态原子，在元素灯（汞、砷、硒、铋、锑）发射光的激发下产生原子荧光，原子荧光强度与试液中元素含量成正比。参见《土壤和沉积物　汞、砷、硒、铋、锑的测定　微波消解/原子荧光法》（HJ 680—2013）和《土壤环境质量　农用地土壤污染风险管控标准（试行）》（GB 15618—2018）。土壤汞的含量也可采用分光光度法测定。

③ 土壤铅。

土壤中铅的含量采用波长色散 X 射线荧光光谱法测量，土壤或沉积物样品经过衬垫压片或铝环（或塑料环）压片后，试样中的原子受到适当的高能辐射激发，放射出该原子所具有的特征 X 射线，其强度大小与试样中该元素的质量分数成正比。通过测量特征 X 射线的强度来定量分析试样中各元素的质量分数。参见《土壤和沉积物　无机元素的测定　波长色散

X 射线荧光光谱法》（HJ 780—2015）和《土壤环境质量　农用地土壤污染风险管控标准（试行）》（GB 15618—2018）。土壤铅的含量也可采用分光光度法测定。

④ 土壤镉。

土壤中铅的含量采用石墨炉原子吸收分光光度法测量，采用盐酸-硝酸-氢氟酸-高氯酸全消解的方法，彻底破坏土壤的矿物晶格，使试样中的待测元素全部进入试液。然后，将试液注入石墨炉中。经过预先设定的干燥、灰化、原子化等升温程序使共存基体成分蒸发除去，同时在原子化阶段的高温下铅、镉化合物离解为基态原子蒸气，并对空心阴极灯发射的特征谱线产生选择性吸收。在选择的最佳测定条件下，通过背景扣除，测定试液中铅、镉的吸光度。参见《土壤质量　铅、镉的测定　石墨炉原子吸收分光光度法》（GB/T 17141—1997）和《土壤环境质量　农用地土壤污染风险管控标准》（GB 15618—2018）。

⑤ 土壤铬。

采用波长色散 X 射线荧光光谱法测量，参见《土壤和沉积物　无机元素的测定　波长色散 X 射线荧光光谱法》（HJ 780—2015）和《土壤环境质量　农用地土壤污染风险管控标准》（GB 15618）。土壤铬的含量也可采用火焰原子分光光度法测定。

⑥ 土壤铜。

采用波长色散 X 射线荧光光谱法测量，参见《土壤和沉积物　无机元素的测定　波长色散 X 射线荧光光谱法》（HJ 780—2015）和《土壤环境质量　农用地土壤污染风险管控标准（试行）》（GB 15618—2018）。土壤铜的含量也可采用火焰原子分光光度法测定。

⑦ 土壤锌。

采用波长色散 X 射线荧光光谱法测量，参见《土壤和沉积物　无机元素的测定　波长色散 X 射线荧光光谱法》（HJ 780—2015）和《土壤环境质量　农用地土壤污染风险管控标准》（GB 15618—2018）。土壤锌的含量也可采用火焰原子分光光度法测定。

（3）土壤有机物

① 土壤苯系物（总量）。

采用气相色谱法测量，土壤或沉积物中半挥发性有机物采用适合的萃取方法（索氏提取、加压流体萃取等）提取，根据样品基体干扰情况选择合适的净化方法（凝胶渗透色谱或柱净化）对提取液净化、浓缩、定容，经气相色谱分离、质谱检测。根据保留时间、碎片离子质荷比及其丰度定性，内标法定量。参见《土壤和沉积物　半挥发性有机物的测定　气相色谱-质谱法》（HJ 834—2017）。

② 氯代烃类。

采用顶空/气相色谱-质谱法测量，在一定的温度条件下，顶空瓶内样品中的挥发性卤代烃向液上空间挥发，产生一定的蒸气压，并达到气液固三相平衡，取气相样品进入气相色谱分离后，用质谱仪进行检测。根据保留时间、碎片离子质荷比及不同离子丰度比定性，内标法定量。参见《土壤和沉积物　挥发性卤代烃的测定　顶空/气相色谱-质谱法》（HJ 736—2015）。

③ 多氯联苯。

采用气相色谱法测量，采用合适的萃取方法（微波萃取、

超声波萃取等）提取土壤或沉积物中的多氯联苯，根据样品基
体干扰情况选择合适的净化方法（浓硫酸磺化、铜粉脱硫、弗
罗里硅土柱、硅胶柱等凝胶渗透净化小柱），对提取液净化、
浓缩、定容后，用气相色谱-质谱仪分离、检测，内标法定量。
参见《土壤和沉积物多氯联苯的测定　气相色谱-质谱法》
（HJ 734—2014）。

3.2.3.3　水环境指标技术方法

（1）理化性质

① 溶解氧。

采用碘量法测量，在样品中溶解氧与刚沉淀的二价氢氧化
锰（将氢氧化钠或氢氧化钾加入二价硫酸锰中制得）反应。酸
化后，生成的高价锰化合物将碘化物氧化游离出等当量的碘，
用硫代硫酸钠滴定法，测定游离碘量。参见《水质　溶解氧的
测定　碘量法》（GB 7489—87）。

② 化学需氧量（COD）。

采用重铬酸钾法测量，在水样中加入已知量的重铬酸钾溶
液，并在强酸介质下以银盐作催化剂，经沸腾回流后，以亚铁
钠为指示剂，用硫酸亚铁滴定水样中未被还原的重铬酸钾消耗
的硫酸亚铁的量换算成消耗氧的质量浓度。在酸性重铬酸钾条
件下，芳烃及吡啶难以被氧化，其氧化率较低。在硫酸银催化
作用下，直链脂肪族化合物可有效地被氧化。参见《水质　化
学需氧量　重铬酸钾法》（GB 11914—89）。

③ 总氮。

采用碱性过硫酸钾消解紫外分光光度法测定，在 120～

124 ℃条件下，碱性过硫酸钾溶液使样品中含氮化合物的氮转化为硝酸盐，采用紫外分光光度法于波长 220 纳米和 275 纳米处，分别测定吸光度 A_{220} 和 A_{275}，按公式计算校正吸光度 A，总氮（以 N 计）含量与校正吸光度 A 成正比。

$$A = A_{220} - A_{275}$$

参见《水质　总氮的测定　碱性过硫酸钾消解紫外分光光度法》（HJ 636—2012）。

④ 总磷。

采用连续流动-钼酸铵分光光度法测定，试样与试剂在蠕动泵的推动下进入化学反应模块，在密闭的管路中连续流动，被气泡按一定间隔规律地隔开，并按特定的顺序和比例混合、反应，显色完全后进入流动检测池进行光度检测。试样中的正磷酸盐在酸性介质中、锑盐存在下，与钼酸铵反应生成磷钼杂多酸，该化合物立即被抗坏血酸还原生成蓝色络合物，于波长 880 纳米处测量吸光度。试样中加入过硫酸钾溶液，经紫外消解和 107 ℃±1 ℃酸性水解，各种形态的磷全部氧化成正磷酸盐，正磷酸盐的测定如上。参见《水质　磷酸盐和总磷的测定　连续流动-钼酸铵分光光度法》（HJ 670—2013）。

（2）抗生素

采用液相色谱质谱联用法测定，试样中的药物残留用 NaEDTA-Mcllvaine 缓冲液和乙酸乙腈溶液提取，经 QuEChERS 方法净化，用液相色谱-高分辨质谱仪测定，基质匹配标准曲线校准，外标法定量。参见《畜禽粪便监测技术规范》（GB/T 25169—2022）。

（3）抗性基因

采用实时荧光定量 PCR 法进行测定。

3.2.3.4 空气环境指标技术方法

（1）室外空气

① 负氧离子。

采用电容式吸入法测定，空气中正、负离子按设定速度匀速进入收集器后，在定量极化电场作用下发生偏转，通过微电流计测量出某一极性空气离子所形成的电流，经过采集器的处理，从而获得空间中离子的浓度。通过改变离子迁移率值，可以测得不同大小的离子浓度，当最小迁移率 K 大于或等于 0.4 厘米^2/（伏·秒）时，为空间负氧离子浓度。参见《空气负离子自动测量仪技术要求 电容式吸入法》（QX/T 475—2019）。

② 可吸入颗粒物（$PM_{2.5}$）。

采用 β 射线自动监测技术测定，样品空气通过切割器以恒定的流量经过进样管，颗粒物截留在滤带上。β 射线通过滤带时，能量发生衰减，通过对衰减量的测定计算出颗粒物的质量。参见《环境空气中颗粒物（PM_{10} 和 $PM_{2.5}$）β 射线法自动监测技术指南》（HJ 1100—2020）。

③ 硫化氢。

采用电化学传感器法测定，空气中的有毒有害气体进入电化学传感器，电化学传感器利用目标物的电化学活性，将其氧化或还原，在一定范围内，产生与目标物浓度成正比的电信号，从而得到目标物的浓度。参见《环境空气 氯气等有毒有害气体的应急监测 电化学传感器法》（HJ 872—2017）。

④ 氨气。

同 3.2.1.4。

（2）室内空气

① 室内单位面积灰尘收集量。

采用重量法测定，空气中可沉降的颗粒物沉降在装有乙二醇水溶液作收集液的集尘缸内，经蒸发、干燥、称重后，计算降尘量。参见《环境空气　降尘的测定　重量法》（HJ 1221—2021）。

② 室内气体挥发性有机物含量（VOCs）。

采用气相色谱法测定，用采样管采集室内空气中的挥发性有机化合物，将采样管置于热解析仪中解析，经气相色谱分离，使用质谱检测器进行分析，外标法定量。参见《室内空气质量标准》（GB/T 18883—2022）附录 D 总挥发性有机化合物（TVOC）的测定。

3.3　农村人居环境专项监测技术

3.3.1　农村人居废弃物产排监测技术

3.3.1.1　监测指标体系

农村生活废弃物的资源化潜力主要通过监测厕所粪污、生活污水和生活垃圾的产量及其中的养分元素进行测算，可摸清我国农村废弃物产排通量，估算其资源化潜力。废弃物产量通过调研农户家中常住人口数、用水来源、厕所类型、冲水量、卫生间洗浴方式、洗衣方式、污水排放方式、垃圾分类及回收情况等信息进行测算，通过检测生活废弃物中碳、氮、磷、钾、钙、镁、硫等元素测算养分资源总量。具体指标信息见表 7。

表 7　生活废弃物资源化潜力监测指标

指标类别		监测指标	单位	数值类型	监测时间	监测频率	监测方式	监测方法
生活废弃物资源化潜力	厕所粪污	产量	升/天	数值	3月、6月、9月、12月	4次/年	调研	—
		pH	无量纲	数值	3月、6月、9月、12月	4次/年	Field	玻璃电极法
		TN	毫克/升	数值	3月、6月、9月、12月	4次/年	Field	碱性过硫酸钾消解紫外分光光度法
		NH_3-N	毫克/升	数值	3月、6月、9月、12月	4次/年	Field	纳氏试剂分光光度法
		NO_3^--N	毫克/升	数值	3月、6月、9月、12月	4次/年	Field	紫外分光光度法
		TP	毫克/升	数值	3月、6月、9月、12月	4次/年	Field	钼酸铵分光光度法
		TOC	毫克/升	数值	3月、6月、9月、12月	4次/年	Field	燃烧氧化-非分散红外吸收法
		K	毫克/升	数值	3月、6月、9月、12月	4次/年	Field	电感耦合等离子体发射光谱法
		Ca	毫克/升	数值	3月、6月、9月、12月	4次/年	Field	电感耦合等离子体发射光谱法
		Mg	毫克/升	数值	3月、6月、9月、12月	4次/年	Field	电感耦合等离子体发射光谱法
		S	毫克/升	数值	3月、6月、9月、12月	4次/年	Field	电感耦合等离子体发射光谱法

（续）

指标类别		监测指标	单位	数值类型	监测时间	监测频率	监测方式	监测方法
生活废弃物资源化潜力	生活污水	产量	升/天	数值	3月、6月、9月、12月	4次/年	调研	—
		pH	无量纲	数值	3月、6月、9月、12月	4次/年	Field	玻璃电极法
		TN	毫克/升	数值	3月、6月、9月、12月	4次/年	Field	碱性过硫酸钾消解紫外分光光度法
		NH_3-N	毫克/升	数值	3月、6月、9月、12月	4次/年	Field	纳氏试剂分光光度法
		NO_3^--N	毫克/升	数值	3月、6月、9月、12月	4次/年	Field	紫外分光光度法
		TP	毫克/升	数值	3月、6月、9月、12月	4次/年	Field	钼酸铵分光光度法
		TOC	毫克/升	数值	3月、6月、9月、12月	4次/年	Field	燃烧氧化-非分散红外吸收法
		K	毫克/升	数值	3月、6月、9月、12月	4次/年	Field	电感耦合等离子体发射光谱法
		Ca	毫克/升	数值	3月、6月、9月、12月	4次/年	Field	电感耦合等离子体发射光谱法
		Mg	毫克/升	数值	3月、6月、9月、12月	4次/年	Field	电感耦合等离子体发射光谱法
		S	毫克/升	数值	3月、6月、9月、12月	4次/年	Field	电感耦合等离子体发射光谱法
	生活垃圾	产量	千克/天	数值	3月、6月、9月、12月	4次/年	调研	—

3.3.1.2　监测场地设置

(1) 厕所粪污监测场

采样的基本原则是使采得的样品具有充分的代表性、科学性。厕所粪污监测点一般应在村庄的前部、中部、后部各布置一处。

污染源的采样取决于调查的目的和监测分析工作的要求。采样涉及采样的时间、地点和频次三个方面。为了采集到有代表性的污水，采样前应该了解污染源的排放规律和污水中污染物浓度的时空变化。在采样的同时还应测量污水的流量，以获得排污总量数据。

① 水厕。

农村新改水厕主要有 4 种形式，分别为具有完整上下水道系统及污水处理设施的水冲式厕所、三格化粪池厕所、双瓮漏斗式厕所、三联通沼气池式厕所。水厕的采样点应位于设施的排放口，对于没有排放口的情况，实际采样位置应在采样断面的中心。当水深大于 1 米时，应在表层下 1/4 深度处采样；当水深小于或等于 1 米时，应在表层下 1/2 处采样。

水样采集后，应尽快送到实验室分析。若无法立刻送检，应放在 4 ℃冷藏或将水样迅速冷冻，贮存于暗处。水样的保存条件参考《水和废水监测分析方法》。

② 旱厕。

农村新改旱厕主要有 2 种形式，分别为粪尿分集式厕所和双坑交替式厕所。粪尿分集式厕所尿样的采集与保存参考水厕的采样与保存方法。旱厕样品的采集与保存参考《畜禽粪便监测技术规范》。

（2）生活污水监测场

生活污水样品的采集与保存参考水厕样品的采样与保存方法（图7）。

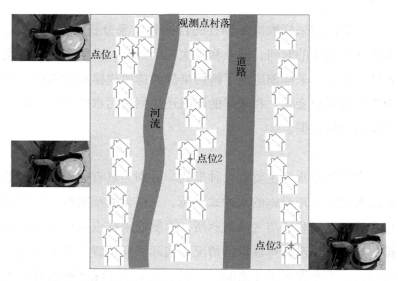

图7　厕所粪污和生活污水监测场布设方案

（3）生活垃圾监测场

生活垃圾监测场设置遵循均匀分布、典型代表原则，基于当前我国现行农村生活垃圾"村收集、镇转运、县处理"模式，村庄根据选取农村居民生活聚集度以及便于转运等因素，在村内主干道均匀设置了生活垃圾集中收集点。因此，生活垃圾专项监测在村庄内部主干道均匀布设3个生活垃圾监测场，分别位于主干道前方、中心和后方（图8）。

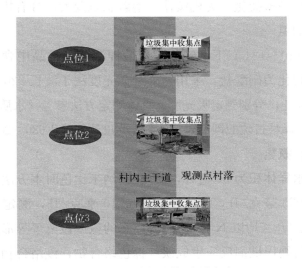

图 8 生活垃圾监测场布设方案

3.3.1.3 监测技术方法

农村人居环境养分元素资源化潜力指标包括产排量、总氮、氨氮、硝态氮、总磷、总有机碳、钾、钙、镁、硫，监测频率为 4 次/年。

（1）产排量

根据《农村生活饮用水量卫生标准》和《农村给水设计规范》，在结合调查当地居民的用水现状、生活习惯、经济条件、发展潜力等情况的基础上酌情确定用水量和排水系数。

（2）总氮

当样品量为 10 毫升时，该方法的检出限为 0.05 毫克/升，测定范围为 0.20～7.00 毫克/升。

总氮是指样品中溶解态氮及悬浮物中氮的总和，包括亚硝酸盐氮、硝酸盐氮、无机铵盐、溶解态氨及大部分有机含氮化合物中的氮。

在 120～124 ℃下，碱性过硫酸钾溶液使样品中含氮化合物的氮转化为硝酸盐，采用紫外分光光度法于波长 220 纳米和275 纳米处，分别测定吸光度。具体测定方法参考《水质　总氮的测定　碱性过硫酸钾消解紫外分光光度法》（HJ 636—2012）。

（3）氨氮

当水样体积为 50 毫升，使用 20 纳米比色时本方法的检出限为 0.025 毫克/升，测定下限为 0.10 毫克/升，测定上限为2.0 毫克/升（均以 N 计）。以游离态的氨或铵离子等形式存在的氨氮与纳氏试剂反应生成淡红棕色络合物，该络合物的吸光度与氨氮含量成正比，于波长 420 纳米处测量吸光度。

水样中含有悬浮物、余氯、钙镁等金属离子、硫化物和有机物时会产生干扰，含有此类物质时要作适当处理，以消除对测定的影响。若样品中存在余氯，可加入适量的硫代硫酸钠溶液去除，用淀粉-碘化钾试纸检验余氯是否除尽。在显色时加入适量的酒石酸钾钠溶液，可消除钙镁等金属离子的干扰。若水样浑浊或有颜色时可用预蒸馏法或絮凝沉淀法处理。具体测定方法参考《水质　氨氮的测定　纳氏试剂分光光度法》（HJ 535—2009）。

（4）硝态氮

测定硝酸盐氮浓度范围在 0.02～2.0 毫克/升。污水浓度更高时，可分取较少的试样测定。水中含氯化物、亚硝酸盐、铵盐、有机物和碳酸盐时，可产生干扰。含此类物质时，应做适当的前处理，以消除对测定的影响。具体测定方法参考《水质 硝酸盐氮的测定 酚二磺酸分光光度法》（GB 7480—87）。

（5）总磷

在中性条件下，用过硫酸钾或硝酸-高氯酸为氧化剂，将未经过处理的水样消解，将所含磷全部氧化为正磷酸盐；在酸性介质中，正磷酸盐与钼酸铵反应，在锑盐存在下生成磷钼杂多酸后，立即被抗坏血酸还原，生成蓝色的络合物。用钼酸铵分光光度测定总磷，总磷包括溶解磷、颗粒磷、有机磷和无机磷。取 25 毫升试样，最低检出浓度为 0.01 毫克/升，测定上限为 0.6 毫克/升。在酸性条件下，砷、铬、硫干扰测定。具体测定方法参考《水质 总磷的测定 钼酸铵分光光度法》（GB 11893—89）。

（6）总有机碳

当水中苯、甲苯、环己烷和三氯甲烷等挥发性有机物含量较高时，宜用差减法测定；当水中挥发性有机物含量较少而无机碳含量相对较高时，宜用直接法测定。检出限为 0.1 毫克/升，测定下限为 0.5 毫克/升。具体测定方法参考《水质 总有机碳的测定 燃烧氧化-非分散红外吸收法》（HJ 501—2009）。

（7）钾、钙、镁、硫

未经酸化的样品，经 0.45 微米滤膜过滤后测定可溶性元素。经过滤或消解的水样注入电感耦合等离子体发射光谱仪后，目标元素在等离子体火炬中被气化电离、激发并辐射出特征谱线，在一定浓度范围内，其特征谱线的强度与元素的浓度成正比。具体测定方法参考《水质 32 种元素的测定 电感耦合等离子体发射光谱法》（HJ 776—2015）。

3.3.2 农村多元废弃物还田效应监测技术

3.3.2.1 监测指标体系

农村生活废弃物的资源化环境效应主要通过监测厕所粪污、生活污水和生活垃圾中抗生素、抗性基因、微塑料、类固醇激素、表面活性剂等污染物的种类和丰度水平，估算其资源化利用后的环境风险（表8）。

表8 农村人居环境效应监测指标

指标类别		监测指标	监测频率	监测时间	单位	数值类型	监测方式	监测方法
厕所粪污污染物	抗生素	抗生素类（金霉素）	2次/年	6月、12月	微克/升	数值	实验室测定	液相色谱质谱联用法
		抗生素类（土霉素）	2次/年	6月、12月	微克/升	数值	实验室测定	液相色谱质谱联用法
		抗生素类（诺氟沙星）	2次/年	6月、12月	微克/升	数值	实验室测定	液相色谱质谱联用法
		抗生素类（多西环素）	2次/年	6月、12月	微克/升	数值	实验室测定	液相色谱质谱联用法
		抗生素类（磺胺甲嘧啶）	2次/年	6月、12月	微克/升	数值	实验室测定	液相色谱质谱联用法
		抗生素类（磺胺嘧啶）	2次/年	6月、12月	微克/升	数值	实验室测定	液相色谱质谱联用法
		抗生素类（磺胺甲噁唑）	2次/年	6月、12月	微克/升	数值	实验室测定	液相色谱质谱联用法

（续）

指标 类别	监测 指标	监测 频率	监测 时间	单位	数值 类型	监测 方式	监测 方法
厕所粪污污染物	抗生素	抗生素类（磺胺二甲嘧啶）	2次/年	6月、12月	微克/升	数值	实验室测定	液相色谱质谱联用法
		抗生素类（磺胺间甲氧嘧啶）	2次/年	6月、12月	微克/升	数值	实验室测定	液相色谱质谱联用法
		抗生素类（恩诺沙星）	2次/年	6月、12月	微克/升	数值	实验室测定	液相色谱质谱联用法
		抗生素类（达氟沙星）	2次/年	6月、12月	微克/升	数值	实验室测定	液相色谱质谱联用法
		抗生素类（沙拉沙星）	2次/年	6月、12月	微克/升	数值	实验室测定	液相色谱质谱联用法
		抗生素类（泰乐菌素）	2次/年	6月、12月	微克/升	数值	实验室测定	液相色谱质谱联用法
	抗性基因	抗性基因指标（$tetC$）	2次/年	6月、12月	拷贝值/16S拷贝值	数值	实验室测定	实时荧光定量PCR法
		抗性基因指标（$tetG$）	2次/年	6月、12月	拷贝值/16S拷贝值	数值	实验室测定	实时荧光定量PCR法
		抗性基因指标（$tetL$）	2次/年	6月、12月	拷贝值/16S拷贝值	数值	实验室测定	实时荧光定量PCR法
		抗性基因指标（$tetM$）	2次/年	6月、12月	拷贝值/16S拷贝值	数值	实验室测定	实时荧光定量PCR法
		抗性基因指标（$qnrB$）	2次/年	6月、12月	拷贝值/16S拷贝值	数值	实验室测定	实时荧光定量PCR法
		抗性基因指标（$qnrS$）	2次/年	6月、12月	拷贝值/16S拷贝值	数值	实验室测定	实时荧光定量PCR法

（续）

指标类别		监测指标	监测频率	监测时间	单位	数值类型	监测方式	监测方法
厕所粪污污染物	抗性基因	抗性基因指标（sul1）	2次/年	6月、12月	拷贝值/16S拷贝值	数值	实验室测定	实时荧光定量PCR法
		抗性基因指标（sul2）	2次/年	6月、12月	拷贝值/16S拷贝值	数值	实验室测定	实时荧光定量PCR法
		抗性基因指标（intI1）	2次/年	6月、12月	拷贝值/16S拷贝值	数值	实验室测定	实时荧光定量PCR法
	其他污染物	微塑料	4次/年	3月、6月、9月、12月	毫克/升	数值	实验室测定	激光红外成像光谱仪
		类固醇激素	4次/年	3月、6月、9月、12月	毫克/升	数值	实验室测定	液相色谱质谱联仪
生活污水污染物	抗生素	抗生素类（金霉素）	2次/年	6月、12月	微克/升	数值	实验室测定	液相色谱质谱联用法
		抗生素类（土霉素）	2次/年	6月、12月	微克/升	数值	实验室测定	液相色谱质谱联用法
		抗生素类（诺氟沙星）	2次/年	6月、12月	微克/升	数值	实验室测定	液相色谱质谱联用法
		抗生素类（多西环素）	2次/年	6月、12月	微克/升	数值	实验室测定	液相色谱质谱联用法
		抗生素类（磺胺甲嘧啶）	2次/年	6月、12月	微克/升	数值	实验室测定	液相色谱质谱联用法
		抗生素类（磺胺嘧啶）	2次/年	6月、12月	微克/升	数值	实验室测定	液相色谱质谱联用法
		抗生素类（磺胺甲噁唑）	2次/年	6月、12月	微克/升	数值	实验室测定	液相色谱质谱联用法

（续）

指标 类别		监测 指标	监测 频率	监测 时间	单位	数值 类型	监测 方式	监测 方法
生活污水污染物	抗生素	抗生素类（磺胺二甲嘧啶）	2次/年	6月、 12月	微克/ 升	数值	实验室 测定	液相色谱质 谱联用法
		抗生素类（磺胺间甲氧嘧啶）	2次/年	6月、 12月	微克/ 升	数值	实验室 测定	液相色谱质 谱联用法
		抗生素类（恩诺沙星）	2次/年	6月、 12月	微克/ 升	数值	实验室 测定	液相色谱质 谱联用法
		抗生素类（达氟沙星）	2次/年	6月、 12月	微克/ 升	数值	实验室 测定	液相色谱质 谱联用法
		抗生素类（沙拉沙星）	2次/年	6月、 12月	微克/ 升	数值	实验室 测定	液相色谱质 谱联用法
		抗生素类（泰乐菌素）	2次/年	6月、 12月	微克/ 升	数值	实验室 测定	液相色谱质 谱联用法
	抗性基因	抗性基因指标（*tetC*）	2次/年	6月、 12月	拷贝值/16S 拷贝值	数值	实验室 测定	实时荧光定 量 PCR 法
		抗性基因指标（*tetG*）	2次/年	6月、 12月	拷贝值/16S 拷贝值	数值	实验室 测定	实时荧光定 量 PCR 法
		抗性基因指标（*tetL*）	2次/年	6月、 12月	拷贝值/16S 拷贝值	数值	实验室 测定	实时荧光定 量 PCR 法
		抗性基因指标（*tetM*）	2次/年	6月、 12月	拷贝值/16S 拷贝值	数值	实验室 测定	实时荧光定 量 PCR 法
		抗性基因指标（*qnrB*）	2次/年	6月、 12月	拷贝值/16S 拷贝值	数值	实验室 测定	实时荧光定 量 PCR 法
		抗性基因指标（*qnrS*）	2次/年	6月、 12月	拷贝值/16S 拷贝值	数值	实验室 测定	实时荧光定 量 PCR 法
		抗性基因指标（*sul1*）	2次/年	6月、 12月	拷贝值/16S 拷贝值	数值	实验室 测定	实时荧光定 量 PCR 法

（续）

指标类别		监测指标	监测频率	监测时间	单位	数值类型	监测方式	监测方法
生活污水污染物	抗性基因	抗性基因指标（*sul2*）	2次/年	6月、12月	拷贝值/16S拷贝值	数值	实验室测定	实时荧光定量PCR法
		抗性基因指标（*intI1*）	2次/年	6月、12月	拷贝值/16S拷贝值	数值	实验室测定	实时荧光定量PCR法
	其他污染物	微塑料	4次/年	3月、6月、9月、12月	毫克/克	数值	实验室测定	激光红外成像光谱法
		表面活性剂	4次/年	3月、6月、9月、12月	毫克/克	数值	实验室测定	液相色谱质谱联用法
生活垃圾污染物	抗生素	抗生素类（金霉素）	2次/年	6月、12月	微克/升	数值	实验室测定	液相色谱质谱联用法
		抗生素类（土霉素）	2次/年	6月、12月	微克/升	数值	实验室测定	液相色谱质谱联用法
		抗生素类（诺氟沙星）	2次/年	6月、12月	微克/升	数值	实验室测定	液相色谱质谱联用法
		抗生素类（多西环素）	2次/年	6月、12月	微克/升	数值	实验室测定	液相色谱质谱联用法
		抗生素类（磺胺甲嘧啶）	2次/年	6月、12月	微克/升	数值	实验室测定	液相色谱质谱联用法
		抗生素类（磺胺嘧啶）	2次/年	6月、12月	微克/升	数值	实验室测定	液相色谱质谱联用法
		抗生素类（磺胺甲噁唑）	2次/年	6月、12月	微克/升	数值	实验室测定	液相色谱质谱联用法
		抗生素类（磺胺二甲嘧啶）	2次/年	6月、12月	微克/升	数值	实验室测定	液相色谱质谱联用法
		抗生素类（磺胺间甲氧嘧啶）	2次/年	6月、12月	微克/升	数值	实验室测定	液相色谱质谱联用法

（续）

指标类别		监测指标	监测频率	监测时间	单位	数值类型	监测方式	监测方法
生活垃圾污染物	抗生素	抗生素类（恩诺沙星）	2次/年	6月、12月	微克/升	数值	实验室测定	液相色谱质谱联用法
		抗生素类（达氟沙星）	2次/年	6月、12月	微克/升	数值	实验室测定	液相色谱质谱联用法
		抗生素类（沙拉沙星）	2次/年	6月、12月	微克/升	数值	实验室测定	液相色谱质谱联用法
		抗生素类（泰乐菌素）	2次/年	6月、12月	微克/升	数值	实验室测定	液相色谱质谱联用法
	抗性基因	抗性基因指标（$tetC$）	2次/年	6月、12月	拷贝值/16S拷贝值	数值	实验室测定	实时荧光定量PCR法
		抗性基因指标（$tetG$）	2次/年	6月、12月	拷贝值/16S拷贝值	数值	实验室测定	实时荧光定量PCR法
		抗性基因指标（$tetL$）	2次/年	6月、12月	拷贝值/16S拷贝值	数值	实验室测定	实时荧光定量PCR法
		抗性基因指标（$tetM$）	2次/年	6月、12月	拷贝值/16S拷贝值	数值	实验室测定	实时荧光定量PCR法
		抗性基因指标（$qnrB$）	2次/年	6月、12月	拷贝值/16S拷贝值	数值	实验室测定	实时荧光定量PCR法
		抗性基因指标（$qnrS$）	2次/年	6月、12月	拷贝值/16S拷贝值	数值	实验室测定	实时荧光定量PCR法
		抗性基因指标（$sul1$）	2次/年	6月、12月	拷贝值/16S拷贝值	数值	实验室测定	实时荧光定量PCR法
		抗性基因指标（$sul2$）	2次/年	6月、12月	拷贝值/16S拷贝值	数值	实验室测定	实时荧光定量PCR法
		抗性基因指标（$intI1$）	2次/年	6月、12月	拷贝值/16S拷贝值	数值	实验室测定	实时荧光定量PCR法
	其他污染物	微塑料	4次/年	3月、6月、9月、12月	毫克/克	数值	实验室测定	激光红外成像光谱法

3.3.2.2 监测场地设置

针对多元人居废弃物还田肥效、安全利用风险评价及减碳潜能测算。农村多元废弃物还田效应监测场地设置每个处理 3 次重复，实验小区规格为长 6 米、宽 5 米，面积 30 米²。每个实验小区之间设置隔离缓冲带，小区之间间隔 1 米。具体见图 9。

图 9 农村多元废弃物监测场布局

3.3.2.3 监测技术方法

(1) 抗生素类

该试验监测指标涉及的抗生素类主要包括金霉素、土霉素、诺氟沙星、多西环素、磺胺甲嘧啶、磺胺嘧啶、磺胺甲噁唑、磺胺二甲嘧啶、磺胺间甲氧嘧啶、恩诺沙星、达氟沙星、沙拉沙星、泰乐菌素等。

采用液相色谱质谱联用法测定，试样中的药物残留用 NaEDTA-Mcllvaine 缓冲液和乙提取，经 QuEChERS 方法净化，用液相色谱-高分辨质谱仪测定，基质匹配标准曲线校准，外标法定量。具体参见《畜禽粪便监测技术规范》（GB/T 25169—2022）。

（2）抗性基因

该试验监测指标涉及的抗生素类主要包括抗性基因指标 $tetC$、$tetG$、$tetL$、$tetM$、$qnrB$、$qnrS$、$sul1$、$sul2$、$intI1$ 等。

监测方法主要是以目的 DNA 为模板，PCR 扩增获得目的片段，进行 TA 克隆。提取质粒，单酶切线性化，进行梯度稀释获得一系列不同浓度的标准品。通过实时荧光定量 PCR，采用 SYBR GREEN 染料法，对样品进行绝对定量。监测方法参见《畜禽粪便废弃物堆肥处理中抗生素抗性基因的测定方法》（T/HBJC 003—2020）。

（3）微塑料

采用激光红外成像光谱仪测定，检测方法参见《海水中微塑料的测定　傅立叶变换显微红外光谱法》（DB21/T 2751—2017）。

（4）类固醇激素

采用液相色谱质谱联用法测定，具体方法如下。

① 样品前处理。

将生物样品（如血液、尿液）进行萃取、浓缩等步骤，去除杂质，提高检测的灵敏度和特异性。

② 色谱分离。

利用高效液相色谱技术，将类固醇激素进行分离，以便后续的质谱检测。

③ 质谱检测。

采用串联质谱技术，对分离后的类固醇激素进行检测。通过多级质谱分析，可以获得更高的鉴定准确性和更低的检出限。

④ 数据处理。

对质谱数据进行处理，得到类固醇激素的定量结果。通过对内标物的定量分析，可以消除样品基质效应对检测结果的影响，提高检测的准确性。

（5）表面活性剂

监测方法参见《再生水水质　阴离子表面活性剂的测定亚甲蓝分光光度法》（GB/T 39302—2020）。

（6）无害化指标

① 粪大肠杆菌。

参照 GB 7959—2012 粪便无害化卫生要求。

② 沙门氏菌。

参照 GB 7959—2012 粪便无害化卫生要求。

③ 蛔虫卵死亡率。

参照 GB 7959—2012 粪便无害化卫生要求。

（7）土壤微生物指标

取根际土壤为土壤样品，同时挖取根系周围 0～20 厘米和 20～40 厘米土样，分层充分混合后作为非根际土壤样品。充分混匀后取样，用于土壤酶活性测定的土壤经风干后过 1 毫米筛，测定多酚氧化酶活性土样过 0.25 毫米筛。供微生物分析的鲜土样装入已消毒的密封塑料袋，带回实验室，磨细过 2 毫米筛后，置于 4 ℃冰箱内保存备测土壤微生物种群、数量等。

① 土壤酶活。

采用土壤酶活性试剂盒- ELISA 试剂盒测试。

② 土壤微生物群落。

采用高通量测序技术测定。

③ 土壤致病菌。

采用实时荧光 PCR 技术测定。

第4章 总结与展望

在乡村振兴战略的推动下，我国农村人居环境已取得显著成效，然而，仍存在监测体系不健全、评价体系不完善等问题。因此，农村人居环境监测技术体系的构建和发展对于实现农村人居环境可持续发展至关重要。全面、系统、精准的监测体系能反映农村人居环境现状，预测环境变化趋势，助力农村"生活—生产—生态"协同发展。

4.1 充分发挥农村人居环境监测在农业农村发展中的作用

我国正处于全面推进乡村振兴的关键时期，浙江"千万工程"为全国农村全面建成小康社会提供了示范和指引，生态优先，绿色发展，要让乡村成为绿色生态富民家园。当前，全国范围内针对传统生活生产污染的治理工作正在有序推动，对于农村新兴产业的环境影响还未全面了解。开展长期、系统的农村人居环境监测，既可以有效评估当前环境治理工作成效，又能对农村发展过程中的新污染问题进行及时预警和防控，有助于推进乡村经济与生态协调发展。在乡村发展过程中，要对乡村生态环境整体情况加以充分掌握，对自然资源进行合理利用，让科学监测数据服务农业农村绿色发展，保障"绿水青山"，确保乡村长久、持续发展。

4.2 打造有序统筹、权责清晰、多方参与的农村人居环境监测体制机制

目前农村农业面源、水功能区等相关监测职能归为生态环境部门，而人居环境治理以农业农村部门为主，各方相关监测资源未实现有效整合，部门协同、共建共享合作机制仍未建立，农村生活生产和生态环境监测资源配置交叉重复，事权不明。现有的农村环境监测主要依赖政府部门和科研院所开展，社会化机构参与度普遍不足，群众参与不足，缺乏有效的激励和引导模式。建议加强顶层设计，明确监测责任主体，建立健全部门分工合作工作机制，共建共享监测基础设施和数据信息，大力支持和鼓励社会化机构和农民群众参与，探索乡村生态价值转化路径，激活农村环境监测检测市场活力，提升公众意识，引导农民群众主动参与，形成多方参与的农村环境监测体系。

4.3 加强先进科学技术在农村人居环境监测中的应用

目前农村人居环境监测自动化、信息化水平普遍较低，大部分以手工监测为主，在线自动监测设施普遍较少，卫星、遥感等技术应用不足。应加快提升农业农村生态环境监测自动

化、信息化水平，推动高分辨遥感卫星、无人机遥感、移动在线监测设备设施在农村环境监测中的应用和普及，集成多元监测技术，推进人工智能、区块链、物联网、云计算等新技术在农村生态环境监测中的应用和集成示范，构建人工监测与智能网络监测并联模式，提高农村环境监测效率和精准度。

附 录

附录 A 厕所粪污采样记录表

监测点名称							
监测点地址	省(自治区、直辖市) 县(市、区) 乡(镇) 村 组						
粪污感官描述	颜色			气味			其他
	透明			无臭味			
	微黄			微臭			
	黄色			刺激性			
	褐色			恶臭			
	黑褐色			其他			
	其他						
样品编号	采样日期	采样位置	采样时间	现场预处理	采样温度	采样湿度	备注

记录人：

采样人：

日期： 年 月 日

附录 B　厕所粪污样品标签

厕所粪污样品标签	
采样样品编号	
采样地点（村名）	
农户姓名	
样品名称	
现场预处理	
采样时间	
采样人	

附录 C　农村人居环境监测背景信息调查问卷

访问日期：

一、受访人及家庭基本信息

1. 您的性别：（　　）　　A. 男　　　　　　B 女

2. 您的年龄：

3. 您的文化程度：（　　）

A. 没上过学　　B. 小学　　C. 初中　　D. 高中或中专

E. 大学及以上

4. 您的受教育年限（上过多少年学）：

5. 您担任的村干部职位：

6. 您工作岗位主要职责：

二、村庄基本情况

（一）人口

1. 村庄人口数量：＿＿＿＿＿，其中常住人口＿＿＿＿＿。

2. 外出务工/求学人口＿＿＿＿＿，其中本地务工＿＿＿＿＿，县外省内务工＿＿＿＿＿，省外务工＿＿＿＿＿。

3. 年龄结构：60 岁及以上人口数＿＿＿＿＿，16 岁及以下人口数＿＿＿＿＿。

4. 教育水平：初中及以下＿＿＿＿＿，高中＿＿＿＿＿，本科＿＿＿＿＿，研究生及以上＿＿＿＿＿。

5. 年末外来人口数量＿＿＿＿＿。

（二）资源

1. 村庄总面积＿＿＿＿＿，其中耕地面积＿＿＿＿＿，建成区面积_____，宅基地总面积_____，林地/草地面积_____，池塘水面面积_____。

2. 人均宅基地面积_____，人均住房面积_____，闲置宅基地_____处，面积_____。

3. 未利用土地面积_____，其中可开发面积_____。

（三）经济

1. 村庄年末生产总值_____，其中第一产业_____，第二产业_____，第三产业_____。

2. 村庄集体经济规模_____，年末集体总收入_____，主要来源_____。

3. 人均纯收入_____，主要收入来源_____。

4. 一年排放生活污水约_____吨，化肥使用_____，农药使用_____，农机使用_____。

（四）基础设施、公共服务与居民感知

1. 您觉得当地的空气质量怎么样？（　　　）

A. 非常好　　　B. 比较好　　　C. 一般　　　D. 不好

E. 很不好

2. 据您所知，当地存在以下哪些污染？（　　　）

A. 空气环境　　　B. 坑塘、沟渠等水环境

C 土壤　　　　D. 噪声　　　　E 其他污染

3. 若存在，污染状况怎么样？（　　　）

A. 污染较轻　　　　　　　B. 一般

C. 污染较重　　　　　　　D. 污染很严重

4. 总体而言，您觉得村里的自然环境怎么样？（　　　）

A. 非常不好　　B. 不好　　　C. 一般　　　D. 较好

E. 非常好

5. 村内具备的商业和社会公共服务设施是（　　）

A. 学校　　　　B. 卫生医疗诊所　　　　C. 公厕

D. 垃圾中转站　E. 商业（小卖部、超市）　F. 餐饮店

G. 休闲设施（活动广场）

其中您最经常使用的公共服务设施是_____。

6. 对于以上类型的公共服务设施，您对哪一部分最不满意？（　　）

A. 学校　　　　B. 卫生医疗诊所　　　　C. 公厕

D. 垃圾中转站　E. 商业（小卖部、超市）　F. 餐饮店

G. 休闲设施（活动广场）

原因是：_____。

7. 您对当地的教育基础设施建设（学校的数量、质量）的满意程度是（　　）

A. 非常不满意　B. 不满意　　C. 一般　　　D. 较满意

E. 非常满意

8. 您对当地的医疗基础设施建设（医院的数量、质量）的满意程度是（　　）

A. 非常不满意　B. 不满意　　C. 一般　　　D. 较满意

E. 非常满意

9. 您觉得目前的村庄布局是否合理？（　　）

A. 是　　　　　B. 否

10. 目前您觉得村庄布局的最主要问题是什么？（　　）

A. 村庄公共空间不足

B. 村庄公共服务设施位置不合理

C. 村庄生活空间脏乱差

D. 村庄交通不便利

E. 村庄缺乏关键公共设施或市政设施

F. 村庄景观环境或生态环境差

11. 您觉得目前村庄距离美丽乡村（宜居宜业和美乡村）的差距主要在哪里？（　　　）

A. 基础设施不健全/条件差

B. 生产方式落后/产业发展不好

C. 人口流失/老龄化严重

D. 缺乏文化建设

E. 生态环境差/污染问题严重

F. 缺乏村庄规划

附录 D　农村人居环境整治情况调查问卷

尊敬的农民朋友：

您好！本问卷调查以匿名方式进行，不涉及商业目的，不泄露您的个人隐私，仅用于了解农村人居环境整治情况。答案没有对错之分，请您实事求是回答问题。感谢您参与完成本次问卷调查。谢谢！

注：在相应□位置打"√"，在"＿＿＿＿＿＿"上填写文字。

1. 您性别：男□　女□

2. 您的年龄（岁）：＿＿＿＿＿＿；是否村干部：是□ 否□；是否中共党员：是□ 否□

3. 您是否已婚：是□ 否□；家里户籍人口＿＿＿＿＿＿人，常住人口＿＿＿＿＿＿人。

4. 您的文化程度：未受教育□ 小学□　初中□　高中□大专□　本科及以上□

5. 家庭年总收入（万元）：1 万及以下□　1～3 万□3～5 万□　5～7 万□　7 万以上□

家庭主要收入来源：农业□　非农业□

6. 您对家中的生活垃圾会分类投放吗？会□　不会□

7. 您家每天垃圾产量：1 斤□　2 斤□　3 斤□　4 斤□5 斤□　5 斤以上□

8. 您家可回收垃圾的种类（多选）：废纸□　塑料瓶□金属□　衣物□　玻璃□　其他□

9. 您家厨余垃圾的处理途径：分类投放□　不分类投放□

堆肥☐

10. 您家有害垃圾的处理途径：分类投放☐　不分类☐

11. 您家生活垃圾中的主要成分是：餐厨垃圾☐　可回收垃圾☐　其他垃圾☐

12. 您家生活用水来源：自来水☐　井水☐　地表水☐　其他☐

13. 您每周的洗澡次数：1次☐　2次☐　3次☐　4次☐　5次☐　6次☐　7次☐

14. 您每天的冲厕次数：1～2次☐　3～4次☐　5～6次☐　7～8次☐　9次及以上☐

15. 您家每周用洗衣机洗衣服的次数：1～2次☐　3～4次☐　5～6次☐　7～8次☐

16. 您家每周手洗衣服的次数：1～2次☐　3～4次☐　5～6次☐　7～8次☐　9～10次☐

17. 您家每月平均用水量：0～3吨☐　3.1～6吨☐　6.1～9吨☐　9.1～12吨☐　12吨以上

18. 您家每月平均水费：0～10元☐　11～20元☐　21～30元☐　41～50元☐　51元及以上

19. 您家每天在家做饭次数：0次☐　1次☐　2次☐　3次☐　4次☐

20. 您家生活污水的排放方式：收集回用☐　管道☐　暗沟☐　明沟☐　随意排放☐　吸污车☐

附录 E　农村人居环境监测调查表

一、进村"一看"要点

_____省（自治区、直辖市）_____地（区、市、州、盟）_____县（区、市、旗）_____乡（镇）_____村

1. 是否为纯商业旅游开发及城镇化村庄？是□　否□
2. 村里农房建设合规和安全性怎样？好□　一般□　差□
3. 绿化怎么样？好□　一般□　差□
4. 村庄道路有无硬化？全部硬化□　部分硬化□　无硬化□
5. 硬化路面有无破损？无破损□　部分破损□　破损严重□
6. 基础设施建设得怎样？较好□　一般□　较差□
7. 该村新建的是什么类型的卫生厕所？水厕，三格式□　水厕，双瓮式□　旱厕，双坑式□　水厕，沼气池式□　水厕，集中下水道式□　旱厕，粪尿分集式□　其他□
8. 你觉得新建的卫生厕所怎么样？干净卫生□　没有进院子□　脏乱差□　臭气熏天□　粪便裸露可见□　蚊蝇乱飞□
9. 该村配了户用垃圾桶吗？配了，就一个桶□　配了，二分法垃圾桶□　配了，三分法垃圾桶□　配了，四分法垃圾桶□　没配□
10. 村庄环境是否干净、整洁？有电力线、通信线、电视线乱拉乱接□　有黑臭水体□　有生活污水乱泼乱洒□　有露天污水沟□　有垃圾乱扔□　有粪便乱撒或裸露□　有秸秆乱撒或乱垛□　有家禽乱跑□　有农户房前屋后及庭院角落不

干净整洁□

11. 村容村貌是否协调？是否保留原有乡土特色？ 是□ 否□

12. 是否看到村规民约上墙？ 是□ 否□

13. 你觉得该村能打多少分？（百分制）

调研人员（签字）

日期：＿＿＿＿年＿＿月＿＿日

二、入户"二问"要点

＿＿＿＿省（自治区、直辖市）＿＿＿＿地（区、市、州、盟）＿＿＿＿县（区、市、旗）＿＿＿＿乡（镇）＿＿＿＿村

1. 您的年龄＿＿＿＿＿；您的学历＿＿＿＿＿。

2. 您的家庭收入大概多少？＿＿＿＿；主要来源＿＿＿＿。

3. 您家厕所类型＿＿＿＿＿；好不好用＿＿＿＿＿。

4. 生活污水怎么处理？＿＿＿＿＿；是否存在污水乱流？＿＿＿＿＿。

5. 生活垃圾怎么处理？＿＿＿＿＿；如清运的话是否及时？＿＿＿＿＿。

6. 村里是否有黑臭水体？＿＿＿＿＿；村内坑塘是否洁净？＿＿＿＿＿。

7. 家里做饭取暖用什么？＿＿＿＿＿；是否使用清洁能源？＿＿＿＿＿。

8. 家里饮水用什么水源？＿＿＿＿＿；供水是否连续稳定？

_____。

9. 您对村庄环境是否满意？_____；村庄有无乱堆乱放？_____。

10. 村内是否有教育配套？_____；是否满足孩子上学需要？_____。

11. 村内是否医疗配套？_____；是否满足"小病不出村"？_____。

12. 村内其他公共服务设施是否健全？_____有什么建议？_____。

13. 村内是否有产业发展？_____；能否带动村民增收？_____。

14. 您对村庄整体环境的满意度：比较满意☐　满意☐不满意☐

15. 您对村庄环境整治提升有什么建议？

调研人员（签字）

日期：_____年____月____日

三、座谈要点（村级座谈）

_____省（自治区、直辖市）_____地（区、市、州、盟）_____县（区、市、旗）_____乡（镇）_____村

1. 全村有多少户？_____（户）；有多少常住人口？_____（人）。

2. 村集体经济收入_____（万元/年）；村民人均可支配

收入_____（万元/年），村主导产业_____。

　　3. 村卫生厕所普及率_____（%）；村卫生厕所使用率__
____（%）；村公厕数量_____（座）；村厕所粪污资源化利用
率_____（%）。

　　4. 生活垃圾收集率_____（%）；村里有无生活垃圾分类
_____。

　　5. 生活污水收集处理率_____（%）；生活污水资源化利
用率_____。

　　6. 村庄绿化率_____（%）；村内有无黑臭水
体_____。

　　7. 村里的垃圾、粪便、秸秆、尾菜、地膜有资源化利用
吗？_____；利用方式是什么？_____。

　　8. 村内厕所后期管护机制如何？_____。

　　9. 村内有无定期村庄清洁活动？_____。

　　10. 生活污水处理管护经费来源？_____。

　　11. 生活垃圾收储运经费如何保障？_____。

　　12. 村内公共设施运维是否有专门经费和人员支持？
_____。

　　13. 当前农村人居环境整治提升存在的主要问题？（列出）

　　14. 近年村里有哪些亮点性工作？（村庄环境整治提升、
产业发展、农民增收、村庄治理等方面）

　　　　　　　　　　　　　　调研人员（签字）

　　　　　　　　　　　　　　日期：_____年___月___日

四、座谈要点（省级座谈）

_____省（自治区、直辖市）

1. 全省卫生厕所普及率_____（％）；全省厕所粪污资源化利用率_____（％）；主要技术模式：_____。

2. 全省生活污水处理率_____（％）；全省厕所粪污资源化利用率_____（％）；主要技术模式：_____。

3. 全省农村黑臭水体整治率_____（％）。

4. 全省生活垃圾处理率_____（％）；全省生活垃圾分类比例_____（％）；全省生活垃圾资源化利用率_____（％）。

5. 全省村庄绿化率_____（％）；全省美丽村庄数量_____。

6. 全省农村人居环境整治长效管护机制构建率_____（％）；全省长效管护支持经费数_____；全省长效管护相关规范标准数_____。

7. 全省农村人居环境整治难点_____；长效管护机制经费如何延续？_____。

8. 当前全省农村人居环境整治提升存在的主要问题？（列出）

9. 下一步农村人居环境整治计划？

10. 近年省里有哪些亮点性工作？（村庄环境整治提升、产业发展、农民增收、村庄治理等方面）

记录人员签字

日期：_____年___月___日

附录 F　我国发布的农村人居环境监测标准

标准代号	标准名称	发布单位
GB/T 43829—2024	农村粪污集中处理设施建设与管理规范	农业农村部
GB/T 5750.1～5750.13—2023	生活饮用水标准检验方法	国家卫生健康委员会
GB/T 40201—2021	农村生活污水处理设施运行效果评价技术要求	全国环保产业标准化技术委员会
GB/T 37071—2018	农村生活污水处理导则	中国标准化研究院
GB/T 37066—2018	农村生活垃圾处理导则	中国标准化研究院
GB/T 23857—2009	生活垃圾填埋场降解治理的监测与检测	住房和城乡建设部
GB/T 19095—2019	生活垃圾分类标志	城镇环境卫生标准化技术委员会
GB/T 25179—2010	生活垃圾填埋场稳定化场地利用技术要求	城镇环境卫生标准化技术委员会
GB/T 25180—2010	生活垃圾综合处理与资源利用技术要求	城镇环境卫生标准化技术委员会
GB/T 18772—2017	生活垃圾卫生填埋场环境监测技术要求	城镇环境卫生标准化技术委员会
GB 16889—2008	生活垃圾填埋场污染控制标准	环境保护部
GB/T 18750—2022	生活垃圾焚烧炉及余热锅炉	国家市场监督管理总局
GB 11730—1989	农村生活饮用水量卫生标准	国家卫生健康委员会
GB/T 25169—2022	畜禽粪便监测技术规范	畜牧业标准化技术委员会

标准代号	标准名称	发布单位
GB 7480—87	水质　硝酸盐氮的测定　酚二磺酸分光光度法	生态环境部
GB 11893—89	水质　总磷的测定　钼酸铵分光光度法	生态环境部
GB 3838—2002	地表水环境质量标准	生态环境部
GB/T 14848—2017	地下水质量标准	国土资源标准化技术委员会
GB 11893‑89	水质　总磷的测定　钼酸铵分光光度法	生态环境部
GB/T 25169—2022	畜禽粪便监测技术规范	畜牧业标准化技术委员会
GB 7959—2012	粪便无害化卫生要求	国家卫生健康委员会
GB 36600—2018	土壤环境质量　建设用地土壤污染风险管控标准（试行）	生态环境部
GB/T 17141—1997	土壤质量　铅、镉的测定　石墨炉原子吸收分光光度法	生态环境部
GB/T 18883—2022	室内空气质量标准	国家卫生健康委员会
GB/T 11742—1989	居住区大气中硫化氢卫生检验标准方法　亚甲蓝分光光度法	国家卫生健康委员会
HJ 168—2020	环境监测分析方法标准制订技术导则	生态环境部
HJ 574—2010	农村生活污染控制技术规范	生态环境部
GB/T 14678—1993	空气质量　硫化氢、甲硫醇、甲硫醚和二甲二硫的测定　气相色谱法	生态环境部
HJ 828—2017	水质　化学需氧量的测定　重铬酸盐法	生态环境部

（续）

标准代号	标准名称	发布单位
HJ 491—2019	土壤和沉积物 铜、锌、铅、镍、铬的测定 火焰原子吸收分光光度法	生态环境部
HJ 636—2012	水质 总氮的测定 碱性过硫酸钾消解紫外分光光度法	生态环境部
HJ 535—2009	水质 氨氮的测定 纳氏试剂分光光度法	生态环境部
HJ 501—2009	水质 总有机碳的测定 燃烧氧化-非分散红外吸收法	生态环境部
HJ 776—2015	水质 32种元素的测定 电感耦合等离子体发射光谱法	生态环境部
HJ/T 91—2002	地表水和污水监测技术规范	生态环境部
HJ 164—2020	地下水环境监测技术规范	生态环境部
HJ 803—2016	土壤和沉积物 12种金属元素的测定 王水提取-电感耦合等离子体质谱法	生态环境部
HJ 680—2013	土壤和沉积物 汞、砷、硒、铋、锑的测定 微波消解/原子荧光法	生态环境部
HJ 780—2015	土壤和沉积物 无机元素的测定 波长色散X射线荧光光谱法	生态环境部
HJ 834—2017	土壤和沉积物 半挥发性有机物的测定 气相色谱-质谱法	生态环境部
HJ 1100—2020	环境空气中颗粒物（PM_{10}和$PM_{2.5}$） β射线法自动监测技术指南	生态环境部
HJ 872—2017	环境空气 氯气等有毒有害气体的应急监测 电化学传感器法	生态环境部

（续）

标准代号	标准名称	发布单位
NY/T 3125—2017	农村环境保护工	农业农村部
NY/T 2093—2011	农村环保工	农业农村部
NY/T 397—2000	农区环境空气质量监测技术规范	农业农村部
DB3401/T 319—2023	农村人居环境整治指南	合肥市农业农村局
DB1409/T 48—2023	农村人居环境治理规范	忻州市市场监督管理局
DB4409/T 34—2023	农村人居环境整治规范	茂名市市场监督管理局
DB1331/T 051—2023	农村人居环境整治效果评价指标体系	雄安新区农业农村标准化技术委员会
DB12/T 1228—2023	农村生活污水设施运行检查技术规范	天津市农业农村委员会
DB4105/T 211—2023	农村生活垃圾分类处理技术规程	安阳市农业农村局
DB3707/T 082—2023	农村人居环境管护规范	潍坊市农业农村局
DB61/T 1668—2023	农村人居环境　村庄清洁要求	陕西省农业农村厅
DB53/T 1163—2023	农村生活污水治理技术指南	云南省生态环境厅
DB3206/T 1044—2023	农村生活垃圾分类设施设置规范	南通市城市管理局
DB64/T 1871—2023	农村生活垃圾分类处理　技术标准	宁夏回族自治区住房和城乡建设厅
DB34/T 4299—2022	农村生活污水集中处理设施运营维护及效能评价标准	安徽省生态环境厅
DB34/T 4297—2022	农村生活污水处理设施建设技术规程	安徽省生态环境厅
DB52/T 1057—2022	农村生活污水处理技术规范	贵州省生态环境厅
DB45/2413—2021	农村生活污水处理设施水污染物排放标准	广西壮族自治区生态环境厅
DB3213/T 1038—2021	农村公共空间治理工作导则	宿迁市市场监督管理局
DB3212/T 2028—2021	农村人居环境建设规范	泰州市市场监督管理局

（续）

标准代号	标准名称	发布单位
DB5117/T 41—2021	农村人居环境管理与维护规范	达州市农业农村局
DB5117/T 40—2021	农村人居环境整治规范	达州市农业农村局
DB50/848—2021	农村生活污水集中处理设施水污染物排放标准	重庆市生态环境局
DB3304/T 069—2021	农村生活污水处理设施运维技术规范	嘉兴市住房和城乡建设局
DB5134/T 14—2021	美丽乡村 农村人居环境整治规范	凉山彝族自治州市场监督管理局
DB5301/T 51—2021	农村生活污水处理设施水污染物排放限值	昆明市生态环境局
DB13/2171—2020	农村生活污水排放标准	河北省生态环境部
DB3604/T 001—2020	农村生活污水处理技术指南	九江市市场监督管理局
DB63/T 1777—2020	农村生活污水处理排放标准	青海省市场监督管理局
DB32/3462—2020	农村生活污水处理设施水污染物排放标准	江苏省生态环境厅
DB53/T 970—2020	农业与农村固体废物分类收集处理技术规范	云南省生态环境厅
DB22/3094—2020	农村生活污水处理设施水污染物排放标准	吉林省市场监督管理厅
DB43/1665—2019	农村生活污水处理设施水污染物排放标准	湖南省生态环境厅
DB42/1537—2019	农村生活污水处理设施水污染物排放标准	湖北省生态环境厅
DB34/3527—2019	农村生活污水处理设施水污染物排放标准	安徽省生态环境厅
DB54/T 0182—2019	农村生活污水处理设施水污染物排放标准	西藏自治区生态环境厅

（续）

标准代号	标准名称	发布单位
DB51/2626—2019	农村生活污水处理设施水污染排放标准	四川省生态环境厅
DB44/2208—2019	农村生活污水处理排放标准	广东省生态环境厅
DB35/1869—2019	农村生活污水处理设施水污染物排放标准	福建省生态环境厅
DB48/483—2019	农村生活污水处理设施水污染物排放标准	海南省生态环境厅
DB61/T 1273—2019	农村人居环境　污水治理管理规范	陕西省市场监督管理局
DB61/T 1272—2019	农村人居环境　厕所要求标准	陕西省市场监督管理局
DB61/T 1271—2019	农村人居环境　生活垃圾管理要求	陕西省市场监督管理局
DB61/T 1270—2019	农村人居环境　村容村貌治理要求	陕西省市场监督管理局
DB21/3176—2019	农村生活污水处理设施水污染物排放标准	辽宁省生态环境厅
DB6103/T 02—2019	农村人居环境治理　标准体系	宝鸡市市场监督管理局
DB62/4014—2019	农村生活污水处理设施水污染物排放标准	甘肃省生态环境厅
DB36/1102—2019	农村生活污水处理设施水污染物排放标准	江西省生态环境厅
DB12/889—2019	农村生活污水处理设施水污染物排放标准	天津市生态环境局
DB31/T 1163—2019	农村生活污水处理设施水污染物排放标准	上海市市场监督管理局
DB41/1820—2019	农村生活污水处理设施水污染物排放标准	河南省生态环境厅
DB11/1612—2019	农村生活污水处理设施水污染物排放标准	北京市生态环境局

（续）

标准代号	标准名称	发布单位
DB61/1227—2018	农村生活污水处理设施水污染物排放标准	陕西省生态环境厅
DB65/T 4346—2021	农村生活污水处理技术规范	新疆维吾尔自治区生态环境厅
DB22/T 5009—2018	农村生活垃圾处理技术标准	吉林省住房和城乡建设厅
DB21/T 2943—2018	农村生活污水处理技术指南	辽宁省生态环境厅
DB33/T 2091—2018	农村生活垃圾分类处理规范	浙江省农业农村厅
DB37/T 3090—2017	农村生活污水处理技术规范	山东省质量技术监督局
DB45/T 1321—2016	农村生活垃圾处理技术规范	广西壮族自治区质量技术监督局
DB33/973—2015	农村生活污水处理设施水污染物排放标准	浙江省人民政府
DB64/T 869—2013	农村生活污水处理设施运行操作规范	宁夏回族自治区环境保护厅
DB64/T 699—2011	农村生活污水处理技术规范	宁夏回族自治区环境保护厅
DB64/T 701—2011	农村生活垃圾处理技术规范	宁夏回族自治区质量技术监督局
DB14/T 727—2013	山西省农村生活污水处理技术指南	山西省环境保护厅
DB11/T 1852—2024	农村地区生活污水处理设施水量水质实时监控技术导则	北京市市场监督管理局

参考文献

REFERENCES

[1] 吴良镛. 人居环境科学导论 [M]. 北京：中国建筑工业出版社，2011.

[2] 李伯华，刘沛林. 乡村人居环境：人居环境科学研究的新领域 [J]. 资源开发与市场，2010，26（6）：524-527，512.

[3] 彭震伟，陆嘉. 基于城乡统筹的农村人居环境发展 [J]. 城市规划，2009，33（5）：66-68.

[4] 雷晶，张虞，朱静，等. 我国环境监测标准体系发展现状、问题及建议 [J]. 环境保护，2018，46（22）：37-39.

[5] 马莉娟，付强，姚雅伟. 我国环境监测方法标准体系的现状与发展构想 [J]. 中国环境监测，2018，34（5）：30-35.

[6] 张铁亮，刘凤枝，李玉浸，等. 农村环境质量监测与评价指标体系研究 [J]. 环境监测管理与技术，2009，21（6）：1-4.

[7] 刘小翠. 社会主义新农村建设中环境保护法律体系的改进研究 [J]. 环境科学与管理，2018，43（7）：26-29.

[8] 肖辰畅，吴文晖，邓荣，等. 农村环境质量监测与综合评价方法研究 [J]. 农业环境与发展，2012，29（6）：72-76.

[9] 王晓斐，何立环，王业耀，等. 农村生态环境监测技术方案构建 [C]. 2018 中国环境科学学会科学技术年会，2018：406-410.

[10] 陆泗进，何立环. 浅谈我国农村环境监测 [J]. 环境监测管理与技术，2013，25（5）：1-3.

[11] 穆康维. 农村环境监测的质量控制分析 [J]. 民营科技，2016

(10)：202.

[12] 刘娜. 现阶段农村环境质量监测形势及需求探讨 [J]. 绿色科技，
2020 (16)：41-43.

[13] 姜薇. 水环境监测存在的问题及对策分析 [J]. 资源节约与环保，
2022 (8)：33-36.

[14] 谢冬梅. 浅析农村环境监测现状及存在的问题 [J]. 资源节约与环保，
2020 (4)：23-24.

[15] 马翔. 农村环境监测的保护和可持续发展 [J]. 资源节约与环保，
2022 (7)：41-44.

[16] 张启忠. 应用于土壤环境监测的传感器若干理论与技术研究 [D]. 杭
州：浙江大学，2009.

[17] 刘哲. 中国土壤环境监测方法现状、问题及建议 [J]. 环境与发展，
2020，32 (11)：135-136.

[18] 董珉. 环境监测技术在农村大气污染防治中的作用研析 [J]. 皮革制
作与环保科技，2023，4 (6)：168-170.

[19] 韩嘉慧. 环境监测技术在大气污染治理中的运用 [J]. 皮革制作与环
保科技，2022，3 (9)：114-116.

[20] 王彦集，张瑞瑞，陈立平，等. 农田环境信息远程采集和 Web 发布系
统的实现 [J]. 农业工程学报，2008，24 (S2)：279-282.

[21] 耿鹏森. 生物监测及其在环境监测中的应用 [J]. 科技展望，2016，
26 (17)：156.

[22] 余运洲. 生物监测技术在水环境中的应用及研究 [J]. 山东工业技术，
2017 (3)：261.

[23] 祝淑芳. 生物监测技术在水环境监测中的应用研究进展 [J]. 中国资
源综合利用，2021，39 (7)：117-119.

[24] 张述伟，孔祥峰，姜源庆，等. 生物监测技术在水环境中的应用及研

究 [J]. 环境保护科学，2015，41（5）：103-107.

[25] 王春香，李媛媛，徐顺清. 生物监测及其在环境监测中的应用 [J]. 生态毒理学报，2010，5（5）：628-638.

[26] 陈玉芳. 生物技术在环境监测中的应用现状及发展趋势 [J]. 生物化工，2015，1（1）：68-70.

[27] 郑秋花，高少妮. 生物监测方法在环境监测中的实践分析 [J]. 皮革制作与环保科技，2021，2（2）：51-52.

[28] 朱静，雷晶，张虞，等. 关于中国固体废物环境监测分析方法标准的思考与建议 [J]. 中国环境监测，2019，35（6）：6-15.

[29] 王娅丽. 农村环境现状研究及防治对策 [J]. 农村经济与科技，2011，22（8）：13-14.

[30] 夏玲，徐桂红. 社会主义新农村建设中环境问题的法律思考 [J]. 江淮论坛，2008（6）：131-135.

[31] 刘伟，衣晶，田义文. 构建我国农村环境污染防治法律体系的思考 [J]. 广东农业科学，2010，37（2）：244-246.

[32] 周若冰. 乡村振兴战略背景下农村环境污染防治法律研究 [J]. 北京印刷学院学报，2020，28（8）：73-76.

[33] 杨朋朋. 现代环境治理体系下农村生态环境治理法律规制研究 [J]. 农业经济，2023（5）：59-60.

[34] 李忠良. 中外土壤环境监测现状及对策建议 [J]. 中国国土资源经济，2005（3）：19-22，46-47.

[35] 刘廷良，王晓慧，齐文启. 国内外土壤环境监测标准现状 [J]. 中国环境监测，1996（5）：43-45.

[36] 王海鹏，周旌，耿慧. 农村环境质量监测的质量保证与质量控制探讨 [J]. 绿色科技，2016（12）：174-176，179.

[37] 徐昌，王晓玉，王斌. 试论我国环境监测分析方法的现状、存在问题

及对策建议 [J]. 中国高新技术企业，2017 (7)：123-124.

[38] 徐欣. 探讨农村环境监测体系存在问题与对策 [J]. 北方环境，2013，25 (8)：168-170.

[39] 曹文杰. 农村环境监测体系现状及对策研究 [J]. 皮革制作与环保科技，2021，2 (9)：30-31.

[40] 刘玉庆，蔡清，陈晓昀. 我国环境监测现状分析及发展对策 [J]. 化学工程与装备，2023 (3)：220-221.

[41] 周群辉. 农村环境监测中地表水监测现状及进展 [J]. 化工设计通讯，2017，43 (12)：205，220.

[42] 马仔亮. 农村环境监测体系现状及对策建议 [J]. 安徽农学通报，2019，25 (15)：144-146.

[43] 王云峰. 新形势下农村环境监测体系建设之我见 [J]. 科技资讯，2018，16 (25)：95-96.

[44] 马元斌. 农村环境监测现状及存在的问题 [J]. 化工设计通讯，2021，47 (3)：158-159.

[45] 晋建丽. 农村环境监测存在的问题和建议 [J]. 农村实用技术，2019 (8)：101-102.

[46] 吴文晖，于勇，雷晶，等. 我国环境监测方法标准体系现状分析及建设思路 [J]. 中国环境监测，2016，32 (1)：18-22.

[47] 任英欣. 现代环境治理体系下农村污染防治的法律规制研究 [J]. 农业经济，2023 (8)：38-39.

[48] 申剑，陈威. 美国地表水环境监测管理体系及对我国的启示 [J]. 环境监控与预警，2016，8 (4)：54-57.

[49] 徐泰森，田建国，李平. 加强农村环境监测工作的对策 [J]. 乡村科技，2019 (31)：111-112.

[50] 黄红霞. 现代环境治理体系下农村污染防治的法律规制研究 [J]. 农

业经济，2022（12）：55－56.

［51］张皓，赵岑，陈传忠，等．发达国家和地区生态环境监测发展经历对
中国的启示［J］.中国环境监测，2021，37（1）：34－39.

［52］丁忠兵．重庆农村人居环境整治的成效、问题及对策［J］.三峡生态
环境监测，2023，8（4）：98－108.

图书在版编目（CIP）数据

我国农村人居环境监测体系研究／王强等主编.
北京：中国农业出版社，2024.12. -- ISBN 978 - 7 - 109 - 32610 - 1

Ⅰ. X21

中国国家版本馆 CIP 数据核字第 2024ZT2320 号

我国农村人居环境监测体系研究
WOGUO NONGCUN RENJU HUANJING JIANCE TIXI YANJIU

中国农业出版社出版

地址：北京市朝阳区麦子店街 18 号楼
邮编：100125
责任编辑：魏兆猛
版式设计：王　晨　责任校对：吴丽婷
印刷：中农印务有限公司
版次：2024 年 12 月第 1 版
印次：2024 年 12 月北京第 1 次印刷
发行：新华书店北京发行所
开本：880mm×1230mm　1/32
印张：3.25
字数：68 千字
定价：30.00 元

版权所有·侵权必究
凡购买本社图书，如有印装质量问题，我社负责调换。
服务电话：010 - 59195115　010 - 59194918